すごい虫の見つけかた

海野和男
[写真・文]

草思社

キボシカミキリ（長野県・小諸市）

はじめに

　昆虫の世界をのぞいてみませんか。無心に虫を追い回した子供の頃を思い出してください。春にレンゲ畑で寝ころべばミツバチの羽音が心地よく感じられます。都会に住んでいても、夏に公園に行けばうるさいほどのセミ時雨です。田んぼでは秋になればアカトンボが舞っています。自然の中に出て五感をとぎすませば、昆虫たちは忘れてしまった子供の頃のわくわく、どきどきした感性を思い出させてくれるのではないでしょうか。

　ぼくは、子供の頃から昆虫が大好きでした。チョウが飛んでいる姿を見て、チョウみたいに飛べたらいいなと思いました。モルフォチョウのように美しく輝く色に惹かれました。人間が作り出すことが難しいこんな色を持っているなんてすごいなと思ったのです。

　昆虫たちは生きていくために様々な工夫をしてきました。ぼくが最も興

味を惹かれるのは昆虫の擬態です。葉に似たり枝に似たりして、身を隠しています。どうしてこんなにうまく似られるのだろうととても不思議です。実際には見ることのできない地球上の生命の進化を見ているような気になります。

　昆虫は地球上で最も成功した生き物だと言われています。なにしろ名前の付いている昆虫だけでも、世界には100万種類もいるのです。体を小さくすることで、省エネに撤したからこそ、昆虫の繁栄があるのだと思います。昆虫たちの生き方をのぞいてみれば、私たちが生きていくための知恵を教えてもらえるかもしれません。

2009年　海野和男

目 次

第1章 美しさを楽しむ

幻の色、モルフォブルー
きらきらと青い輝きを放つ、カキカモルフォ　10

気品に満ちた輝き
金属のように色鮮やかな、ヤマトタマムシ　12

森の中の宝石
金色に輝く、オウゴンオニクワガタ　14

煌くクリスマスツリー
体長5mmほどの小さなホタル、プテロプティックス　16

メタリックな光沢
まるで金箔を纏ったような、オプティマキンイロコガネ　18

可憐で、繊細な美しさ
氷河時代の生き残り、ミヤマモンキチョウ　20

不思議な金色の輝き
透明な翅を持つ、キンイロカメノコハムシ　22

水辺で見つけた宝石
緑色に美しく輝く、アオハダトンボ　24

第2章 飛んでいる姿を楽しむ

ダンスを踊るように
求愛飛翔する、モンキチョウ 28

優れた飛翔能力
ホバリングする、ギンヤンマ 30

大きな羽音を立てて
クマバチは獰猛なハチ？ 32

空中静止の吸蜜
長いストローで蜜を吸う、ホウジャク 34

幽玄の美しさ
日本最大のレースウイング、オオフトヒゲクサカゲロウ 36

強さと美しさの競い合い
縄張り行動する、メスアカミドリシジミ 38

優雅に美しく舞う
毒チョウに似ることで身を守る、オナガアゲハ 40

越冬するチョウ
群れをなして移動する、オオカバマダラ 42

第3章 身近な昆虫を楽しむ

太陽に向かって飛び立つ
可愛らしさで人気のナナホシテントウ　46

蜜や花粉を探して
女王を中心に集団生活をする、ミツバチ　48

菜の葉にとまれ
都会でも見られる身近な存在、モンシロチョウ　50

夏の風物詩
何の音に似ている？　アブラゼミの鳴き声　52

角を突き合わせて力比べ
昆虫の王様、カブトムシ　54

秋の風物詩
連結飛行する、アカトンボ　56

一瞬の鎌の動き
獰猛な肉食昆虫、カマキリ　58

驚異のジャンプ力
長距離を飛ぶのに適した体形、トノサマバッタ　60

第4章 擬態を楽しむ

葉っぱに化ける
とまりかたにも工夫がある、コノハムシ 64

花にそっくり
花に化けてチョウを捕る、ハナカマキリ 66

人の顔に似た模様
敵から身を守る模様を持った、ジンメンカメムシ 68

枯れ葉に化ける
枯れ葉にまぎれて姿を消す、ムラサキシャチホコ 70

木の枝と一体化
カムフラージュの見事な、エダカマキリ 72

苔にそっくり
苔のような模様を体に持つ、コケギス 74

小鳥たちもびっくり
翅に大きな目玉模様を持つ、メダマヤママユ 76

枯れ葉にまぎれる
様々な色がある、カレハカマキリ 78

第5章 習性を楽しむ

上手にフンを転がして
フンコロガシとも呼ばれる、タマオシコガネ 82

じっと動かず
成虫で冬を越す、キチョウ 84

世界最大のカブトムシ
優雅で装飾的な、ヘラクレスオオカブトムシ 86

温泉の水が好き
真っ赤なマフラーを巻いた、アカエリトリバネアゲハ 88

キャベツの葉っぱ!?
土を求めて舞い降りる、スジボソヤマキチョウ 90

葉っぱの行進
キノコ栽培の達人、ハキリアリ 92

アリと密接な共生関係
立派な(?)角の持ち主、ヨツコブツノゼミ 94

コラム　**熱帯での昆虫の探しかた** 26
コラム　**昆虫の写真を撮ってみよう** 44
コラム　**身近な昆虫を見つけるには** 62
コラム　**いろいろな昆虫を観察してみよう** 80

本文デザイン:Malpu design(黒瀬章夫)

第1章
美しさを楽しむ

ケンランカマキリ（マレーシア・キャメロンハイランド）

幻の色、モルフォブルー
きらきらと青い輝きを放つ、カキカモルフォ

　ペルーのアマゾン川の上流に行ったときのことです。川の向こうから青く輝く大きなチョウが飛んできて、目の前にとまりました。世界で一番美しいチョウの一つと言われる、カキカモルフォです。きらきらと青い翅(はね)をきらめかせて近づいてくる様子は、本当に美しいものです。

　モルフォブルーとも呼ばれるこの色は、翅に青い色素があるわけではないのです。構造色(こうぞうしょく)と呼ばれる幻の色です。翅にある鱗粉(りんぷん)が特別な構造をしていて、翅に当たった光が薄い翅の内部で反射を繰り返し、青い輝きを放つのです。

　岩の上でぱたぱたと翅を開閉させながら少し進むと、ゼンマイのように巻かれた口をするすると伸ばして水を飲みはじめました。じっとしてしまうと翅を閉じてしまうので、裏側しか見えません。青く輝くのはオスの翅の表側だけで、翅の裏は茶色っぽくて、それほど美しくありません。そこで飛び立つ瞬間を狙ったのがこの写真です。

　メスの翅はオスに比べると地味で、茶色か、青い部分があってもわずかです。メスがオスより地味なのはチョウの世界では一般的なことです。卵を産むメスは、オスよりも敵に見つかりにくくしているほうが生きていくために有利だからだと言われています。

撮影地：ペルー　アマゾン川上流

気品に満ちた輝き
金属のように色鮮やかな、ヤマトタマムシ

　タマムシの仲間は熱帯地方をはじめ世界中にいます。細長い体をしていて、翅(はね)の色がきれいなものが多いのですが、その中でも日本にいるタマムシは、全身が金緑色で、縦に紫色の2本線が入り、背も腹も金属のように色鮮やかに輝いていて、とても美しい昆虫です。

　ヤマトタマムシとも呼ばれるタマムシは体長4cmぐらいで、6月末から8月に成虫を見ることができます。

　玉虫厨子(たまむしのずし)という言葉を聞いたことはありませんか。法隆寺に所蔵されている国宝で、飛鳥時代に作られたものです。タマムシの翅を6600枚も使ってあるそうです。タマムシはその美しさ故に、昔から縁起の良い虫とされていたのでしょう。

　子供の頃、おばあさんに聞いたのですが、タマムシを桐のタンスに入れておくと、着物が増えるそうです。本当は着物が増えることはありませんが、タマムシは虫の王様だから着物を食べる害虫が寄りつかないというのです。その真偽はわかりませんが、そんな言い伝えができるほど美しい虫だということでしょう。

　タマムシを見つけるには薪(まき)を積んである場所を探すのが一番です。サクラやエノキがその中に入っていれば、卵を産むためにやってくるタマムシに会えるかもしれません。

撮影地：日本　埼玉県秩父

森の中の宝石
金色に輝く、オウゴンオニクワガタ

　その名の通り金色に輝くオウゴンオニクワガタに出会ったのはジャワ島の西部、標高が1500mほどの場所です。地元の人に案内してもらい、村の裏山に入りました。普通、クワガタムシを見つけるには木から出る樹液を探します。ところが案内の人は大きな斧を持っていて、下ばかり見て歩いています。樹液だったら木の上を見るはずですから不思議だなと思いました。

　そのうち、大きな朽ち木を崩しはじめたので驚きました。クワガタムシの幼虫は朽ち木を食べますから、幼虫を探すのかと納得しました。ところが幼虫が出てきてもちっとも喜ばないのです。そのうちなんとオウゴンオニクワガタの成虫が出てきました。そうしたら大喜び。聞いてみると、いつもこの方法で探すのだそうです。オウゴンオニクワガタは朽ち木の中で羽化して、長いものでは半年ほども朽ち木の中にとどまるのだそうです。

　確かにオウゴンオニクワガタなのですが、色は真っ黒で、標本で見たものとはまったく違います。それを瓶に入れて見ているうちに、だんだんと黒が金色に変わっていったのです。オウゴンオニクワガタは湿った場所では色が黒くなり、乾くと金色になるのです。色が変わるなんてすごいなと思いました。

撮影地：インドネシア　ジャワ島

煌(きらめ)くクリスマスツリー
体長 5mm ほどの小さなホタル、プテロプティックス

　熱帯アジアには、真っ暗闇の中で光り続けるホタルの木があります。インドネシアのスマトラ島、マラッカ海峡に面した村で、今まで見た中で、一番見事なホタルの木に出会いました。ホタルが集まる木はビダダと呼ばれるマングローブの一種です。ビダダは川沿いに多いのですが、その村では家のすぐ横が湿地になっていて、そこにホタルの木がありました。同時(どうじ)明滅(めいめつ)といって、木に集まっている千匹以上のホタルが同時に点滅するのですから、とても見事です。

　木に集まるのはプテロプティックスと呼ばれる、小さなホタルです。木にはオスとメスが集まってきます。オスは死ぬまでそこで光り続け、メスは交尾(こうび)を済ますと、卵を産むために木から離れていくと言われています。とても小さいので、日本のゲンジボタルなどと比べると光も弱く20ｍも離れるとほとんど見えません。そこで、オスとメスが効率的に出会うために、１本の木に集中するのだと考えられています。たくさん集まれば弱い光も強くなります。それにしても自然とはなんとすばらしいものでしょうか。人類が光を信号として使うずっと前から、彼らは光で通信を行ってきたのですから。

　季節で違いはあるものの、いつも新しいホタルがやってきますので、木は一年中光り続けます。

撮影地：インドネシア　スマトラ島

メタリックな光沢
まるで金箔を纏ったような、オプティマキンイロコガネ

　コガネムシといえば漢字で黄金虫と書きます。美しい虫の代表です。中でも特に美しいのがキンイロコガネの仲間です。中南米の比較的標高の高い熱帯雨林にすむコガネムシです。金色を基調に緑やピンクの柔らかな色彩を帯びた体色は、この世のものとは思えないほどの美しさに満ちています。
　オプティマキンイロコガネに出会ったのは、コスタリカのジャングルです。熱帯に取材に行くときは、できるだけジャングルの中にあるロッジなどに泊まることにしています。ジャングルにすむ昆虫は夜行性のものも多いからです。昼間は見ることのできない昆虫たちが、灯りに引き寄せられて飛んでくることもあります。
　初めてキンイロコガネの写真を撮ったのは30年近く前のことですが、取材から戻ってフイルムを現像してみると、金色のはずのコガネムシが茶色に写っていてがっかりしたことがあります。当時はデジタルカメラなどありませんから、結果は日本に帰ってからということになります。
　キンイロコガネの美しい色彩は、構造色(こうぞうしょく)と呼ばれる色です。翅(はね)に当たった光が複雑に乱反射(らんはんしゃ)したり、回折(かいせつ)したりして作られるのです。こうした色は、ストロボのような直射光では出すことができません。ジャングルの木々を通して地上に届く柔らかな光の中で、その輝きを増す幻の色です。

撮影地：コスタリカ　オロシ渓谷

可憐で、繊細な美しさ
氷河時代の生き残り、ミヤマモンキチョウ

　ミヤマモンキチョウは年に一度7月に、浅間連峰（れんぽう）と北アルプスの標高2000m以上の高山帯にだけ見られる高山蝶（こうざんちょう）です。オスは黄色、メスは白色で、どこにでも見られるモンキチョウに似ていますが、翅（はね）に美しいピンク色の縁取りがあるのが特徴です。

　高山蝶というのは、標高が1500m以上の高山にすむチョウのことです。高山蝶は他にもミヤマシロチョウやクモマベニヒカゲなど何種かいるのですが、国外ではそのほとんどがヨーロッパ北部やアラスカなど北極を取り巻く寒い地域に生息しています。大陸と日本が陸続きだった氷河時代に日本にやってきて、気候が暖かくなり、高山帯に取り残されたチョウと言われています。

　ミヤマモンキチョウは太陽にとても敏感で、晴れていないとその可憐（かれん）な姿を見ることはできません。梅雨の終わり頃ですから、山の頂上付近は天気の悪いことが多く、ミヤマモンキチョウにとっても生きていくのは大変です。短い間に交尾（こうび）をし、産卵（さんらん）しなければならないのです。晴れている日は朝から夕方まで、オスはメスを探し、メスは幼虫が食べる黒豆の木を探して一日中飛び回っています。その姿を見ていると、すごくたくましいチョウだと思います。地球の温暖化が言われていますが、寒いところを好む高山蝶たちにはだんだんすみにくい日本になっているのかもしれません。

撮影地：日本　長野県烏帽子岳

不思議な金色の輝き
透明な翅を持つ、キンイロカメノコハムシ

　カメノコハムシは前翅(ぜんし)が大きく体の外に張り出しています。葉にとまって休んでいるときは、脚は翅(はね)の下に隠れてしまうので、まるでカメみたいだというのが名前の由来です。アリなどの外敵がやってきても噛みつく場所がないので安全なのです。

　カメノコハムシの仲間には透明な翅を持っているものがいます。柔らかな光が当たると、体の一部が金色に輝くものがいます。

　マレーシアのジャングルで見つけたこのキンイロカメノコハムシは、今まで見たカメノコハムシの中で最も美しいものです。最初見つけたときはプラチナのような白っぽい金色をしていました。撮影中に雨が降ってきたので、小さなケースに一時収容して雨が上がるのを待ちました。雨も上がり、さて撮影ということで、ケースから出したら、何と色が変わっています。赤味を帯びた金色に輝く色彩は、それまで見たことのない色です。

　キンイロカメノコハムシの前翅は透明ですから、実際には色素を含んでいるわけではありません。キンイロコガネと同じような構造色(こうぞうしょく)と呼ばれる色です。黒っぽい後翅(こうし)を背景にした部分に構造色が現れるのです。色が変わったのは、湿気が前翅と、前翅の下にたたまれている後翅の間に入り込むことで、光の反射の具合が変わったのだと思います。

撮影地：マレーシア　キャメロンハイランド

水辺で見つけた宝石

緑色に美しく輝く、アオハダトンボ

　アオハダトンボは本州、四国、九州で見られる、オスの体が緑色に輝く美しいトンボです。翅(はね)は黒く見えますが、光の当たり具合で青藍色(せいらんいろ)に輝きます。昆虫の世界ではアオハダトンボのようにオスがメスより目立つ色彩をしたものが多くいます。

　アオハダトンボがすんでいるのは、流れの緩やかな浅い川の中流域ですが、どこにでもいるトンボというわけではありません。川岸にアシなど挺水(ていすい)植物が茂っている場所を好みますが、自然度の高い場所でしか見ることができない環境変化に敏感なトンボのようです。

　アオハダトンボのオスには面白い習性があります。メスを誘うときに自ら川の流れに飛び込んで流されるのです。メスの気を惹(ひ)くためのようです。このシーンは撮影が難しく、何度もチャレンジしますがまだ良い写真が撮れていません。

　交尾(こうび)したあと、メスは水中に倒れた植物に卵を産みつけます。植物が深いところにあると、時には水中に潜っていって産卵(さんらん)します。オスはその間、近くにとまって、メスを見守っています。他のオスが来て、メスを横取りされないようにしているのです。トンボの仲間には、オスメス連結したまま産卵したりするものもいます。自分の遺伝子が確実に残されるように、産卵が終わるまで付き添っているのです。

撮影地：日本　福島県福島市

Column: 熱帯での昆虫の探しかた

　20年以上前、中米のコスタリカに一人で昆虫撮影に出かけました。今ではコスタリカは熱帯の自然観察で、とても人気のある場所です。でも当時は情報がほとんどありません。自然が豊かで治安が良いというところに惹かれました。

　まず、レンタカーだけは予約しておきました。空港に着くとさっそくレンタカーをピックアップし、まずは道路地図を購入することにしました。比較的詳しい道路地図があったので助かりました。地図には等高線が入っています。実はこれがとても重要です。熱帯雨林地域では、昆虫が多い場所は標高が800mぐらいのところなのです。このくらいの標高のところは、低地の昆虫も、高地の昆虫も見られるので、最も種類数が多いのです。

　地図を見て標高の800mぐらいのところを通る道を探しました。すると都合の良いことに、北部をほぼ一周する道が見つかりました。道が悪そうなので借りたのは四輪駆動車です。その道を1週間ほどかけて、まずは一周してみました。ところが、行けども行けども牧場とコーヒー園ばかりです。ジャングルは牧場の上、標高1200mほどのところにしか見あたりません。やっとたどり着いたと思ったら、本当のジャングルはまだ遥か彼方といったことの繰り返しです。

　結局、1週間旅行して、道沿いで良い林は1カ所しかありませんでした。けれど、そこでは憧れのツノゼミやたくさんの美しいチョウに出会えたのです。

　初めての場所では、いつもこのようにして良い場所を探すことにしています。林さえあれば、この方法が、知らない場所で多くの昆虫に出会う最も有効な方法です。

　その数年後、南米のエクアドルでも同じことをしましたが、こちらは結構良い林があって、たくさんの昆虫に出会うことができました。マレーシアはよく行く場所ですが、昨年は久し振りに、いつもは行かない標高800mぐらいの林道に入ってみたら、今では少なくなったチョウがたくさんいて、かなりの成果がありました。

　けれど、コスタリカの時には1週間で、北部ではジャングルは国立公園にしか残っていないということがわかったので、残りの2週間は国立公園の中で撮影することにしたのは言うまでもありません。

路上で水を飲むシロチョウの仲間（撮影地　マレーシア）
舗装道路からほんの少し林道に車を乗り入れたら、たくさんのチョウが路上に降りて水を飲んでいた。マレーシア、イポー郊外で。

チョウの多い林道（撮影地　マレーシア）
海外での撮影では、できれば小型の4輪駆動車を借りたい。昆虫の多い未舗装の道路などに入るのに便利だ。マレーシア、イポー郊外で。

第 2 章
飛んでいる
姿を
楽しむ

アサギマダラ（長野県・湯ノ丸高原）

ダンスを踊るように
求愛飛翔する、モンキチョウ

　チョウが２匹空中でダンスをするようにゆっくりと飛んでいる姿を見ることがあります。これは、オスとメスの求愛飛翔です。
　こうした求愛飛翔がよく見られるのはナミアゲハ、クロアゲハ、モンキチョウなどです。２匹連なって飛んでいる場合、前にいるのがオスです。まずオスがメスを見つけると、猛スピードで追いかけます。最初はたいていメスが逃げます。けれどオスに追いつかれると、不思議なことにオスの後を追うような飛び方に変わります。
　観察していても、この求愛飛翔が交尾にまでいたることはごく稀です。チョウのメスは１回しか交尾をしないものが多く、たいていの場合、メスは羽化するとすぐにオスに見つかって交尾を済ませています。まだ交尾をしていないメスの場合は、求愛飛翔からメスが木などにとまり、交尾が行われることもあります。けれど、交尾を済ませているメスも、交尾をする気がないのにオスの後を追うのはとても不思議なことだと思います。
　ナミアゲハやクロアゲハでは、求愛飛翔のときにメスが口吻を伸ばしています。オスに食べ物をねだっているようにも見えます。やがてこの求愛飛翔は、突然メスがオスを振り払うように急降下して終わります。これを見ていると、メスはオスから逃れようとチャンスをうかがっているようにも思えます。

撮影地：日本　長野県小諸市

優れた飛翔能力
ホバリングする、ギンヤンマ

　夏になると、池や休耕田の上をギンヤンマが悠々と飛んでいます。日本全国で見られる大型のトンボで、翅を広げると10cm以上もあります。水の上をパトロールするように、行ったり来たりしています。これはメスがやってくるのを待っているオスです。

　メスがやってくると、オスはお尻にある把握器でメスの首根っこを捕まえます。オスとメスはつながったままで、水の中の植物などに産卵するのです。他のオスにメスを取られないように、オスはつながったままでいるのですが、時には他のオスが来て、メスを奪っていってしまうこともあります。

　パトロール中のギンヤンマは、時々空中でホバリング（停止飛行）をして近くにメスがいないかを探ります。4枚の翅をバラバラに動かすことで、空中に静止したり、急旋回したりするなど、とても素晴らしい飛翔能力の持ち主です。

　トンボは昔から姿を変えないで生き続けてきた昆虫です。素晴らしい飛行能力と交尾中のメスもさらってしまうほどの生活力の強さが、トンボが形を変えないで生き続けてこられた秘密かもしれません。けれど、水草の多い池や、休耕田などに卵を産むので、そうした場所が少なくなれば、長い間生き続けてきたギンヤンマも減ってしまうのです。

撮影地：日本　長野県上田市

大きな羽音を立てて
クマバチは獰猛なハチ？

　５月にハイキングに行くと、見晴らしの良い丘の上で恐ろしげな大きなハチが空中に漂うようにとどまっています。たいていの人はハチだ、怖いと避けて通るのだと思います。一見、怖そうに見えるクマバチですが、実はとても温和な性格のハチです。近づいても人を襲うようなことはありませんから安心です。

　人を襲うのはスズメバチです。スズメバチはクマンバチとも呼ばれるので、混同されることがありますが、クマバチはミツバチよりもおとなしいハチです。それにホバリング（停止飛行）をしているのはすべてオスです。メスが現れるのを待って縄張りを張っているのです。ハチの針はオスにはありませんから、刺そうと思っても刺せません。ぼくはクマバチが怖がられるのがかわいそうに思います。けれどクマバチにとってみれば、怖がられたほうが自分の身を守るのには都合が良いのかなと思います。

　丸っこい形で、よく見ればなかなか愛らしいハチです。それに停止飛行ができるなんて、すごいことだと思いませんか。他のハチが現れたときは、目にもとまらぬ速さで追いかけていきます。空中で停止ができる乗り物にはヘリコプターがありますが、クマバチみたいな飛び方をしたら、すぐに空中分解してしまいそうです。こんなすごい乗り物を人は作れませんから、自然はすばらしいと思うのです。

撮影地：日本　長野県東御市

空中静止の吸蜜
長いストローで蜜を吸う、ホウジャク

　ホウジャクはすごい飛行技術の持ち主です。空中に静止しながら、長い口で花の蜜を吸うことができるのです。花から花へと小刻みに移動しながら蜜を吸いますが、別の場所へ飛んでいくときは目にもとまらぬスピードです。恐らく時速50kmぐらいは出ているのではないかと思います。

　体の大きさは5cmもありません。人間の40分の1ぐらいでしょう。だから、もしホウジャクが人間ぐらい大きかったら、時速2000kmほども出ている計算になります。こんな乗り物があったらすごいなと思います。けれど昆虫は外骨格といって、皮膚で体を支えているため、実際にはあまり大きくなれないのだそうです。歴史上で最も大きくなったと言われるメガネウラというトンボも、翅を広げた大きさは70cmほどだったようです。

　ホウジャクは昼間活動するガの仲間です。空中で静止しながら蜜を吸う様子は、南米にすむハチドリにも似ています。実際にホウジャクを見て、日本にもハチドリがいたと思う人もいるようです。ホウジャクもハチドリも翅を上下に羽ばたかせると同時に8の字を描くように前後にも動かし、空中に静止することができるのです。

　ホウジャクの仲間は都会の花壇でも見ることができます。とくに翅が透明なオオスカシバというホウジャクの仲間は、植え込みに多いクチナシの葉を食べるので、都会に多い昆虫です。

撮影地：日本　長野県東御市

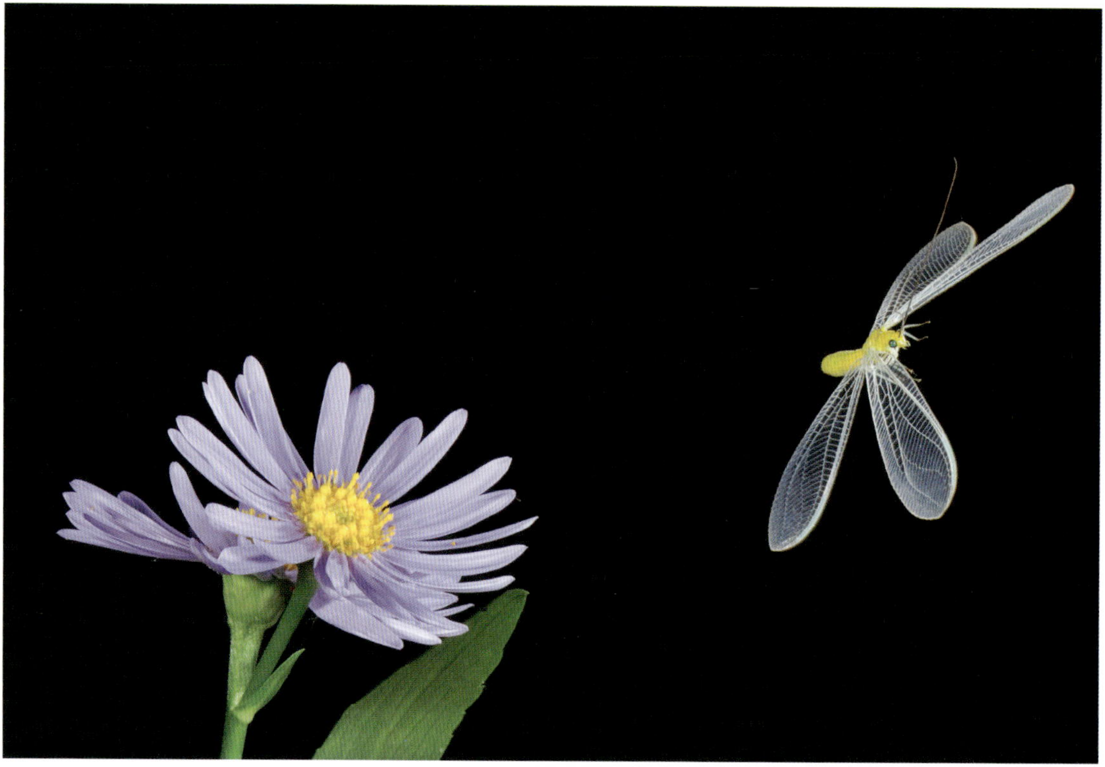

幽玄の美しさ
日本最大のレースウイング、オオフトヒゲクサカゲロウ

　クサカゲロウのことを英語ではレースウイングと呼びます。翅(はね)がレースのように透き通って美しいからです。たいていのクサカゲロウは緑色ですが、美しい黄色で、眼が紺色に輝いているクサカゲロウを見つけました。何より驚いたのはその大きさです。翅の長さが3cmほどもあるのです。調べてみたら日本最大の種類だそうです。あまりに翅が美しいので、飛んでいる姿を撮りたくなりました。赤外線を使った光電管装置を使うことにしました。赤外線をクサカゲロウが横切るとシャッターが切れる装置です。ストロボも普通のものだとしっかりとまらないので、閃光(せんこう)時間が1/20000秒という特殊なストロボを使い、撮ったのがこの写真です。
　クサカゲロウの仲間は、幼虫がアブラムシを食べるものが多いのですが、このオオフトヒゲクサカゲロウは、まだどんな生活をしているかもわかっていないようです。日本にもまだまだわかっていない虫も多いのだなと驚きました。
　クサカゲロウの仲間の卵は、優曇華(うどんげ)の花とも呼ばれることがあります。優曇華は3000年に一度咲くと言われる伝説上の花です。
　卵は細長い柄に付いていて、昔は電球の傘などに産みつけられているのを見たことがあります。摩訶不思議(まかふしぎ)な形をしているのでそんな呼び名がついたのでしょう。

撮影地：日本　長野県小諸市

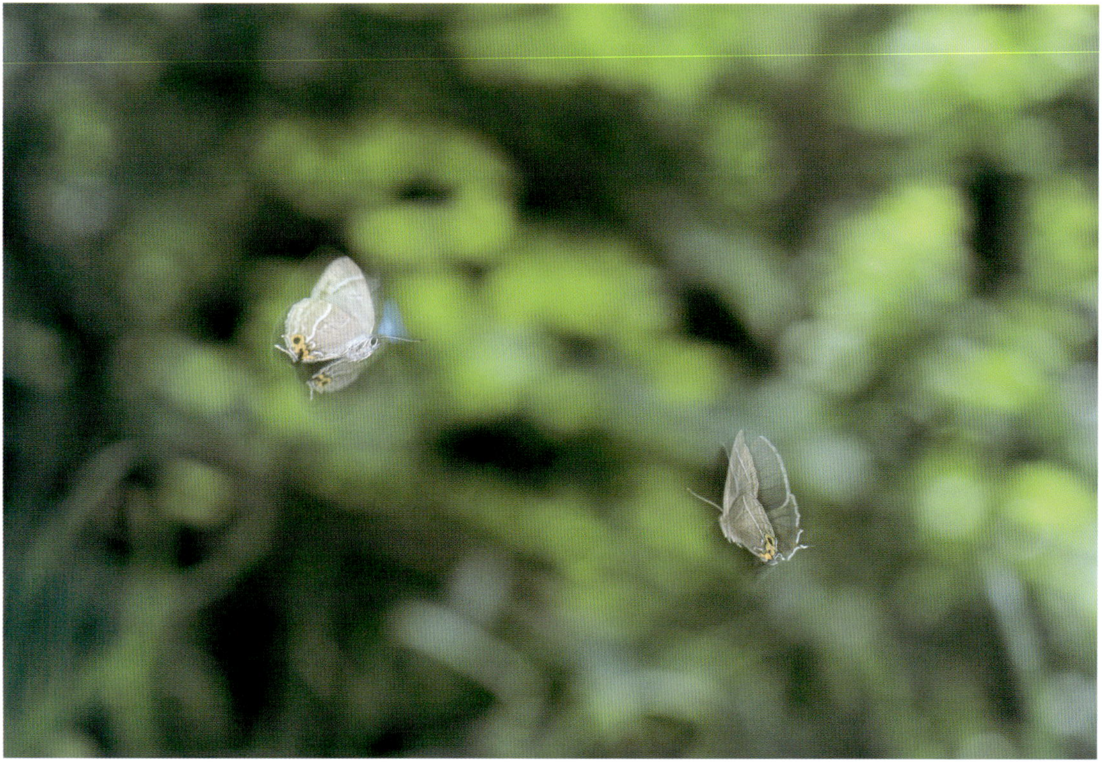

強さと美しさの競い合い
縄張り行動する、メスアカミドリシジミ

　ゼフィルスと呼ばれるミドリシジミの仲間には、オスが美しい緑色に輝く翅(はね)を持っているものが多くいます。オスは林縁(りんえん)の見晴らしの良い場所に陣取って辺りを見回しています。
　これは縄張り行動と呼ばれているもので、メスが縄張りに入るのを待っているのです。けれどやってくるのは、たいてい同じ種類のオスです。他のオスが縄張りに入ると、猛スピードで追いかけていきます。そして2匹でぐるぐると回るように長い間飛び回っています。写真を撮ってみると、2匹は目で相手を睨(にら)んでいることがわかります。お互いに相手を見ているので、ぐるぐる回るような飛び方になるのだと思います。
　どちらが逃げ出すかの根競べです。たいていは最初に縄張りを張っていたものが強く、後から来たものが追い出されます。時には後から来たものが強く、縄張りを奪ってしまうこともあります。縄張り争いを見ていると、強さや美しさを競い合っているようにも見えます。ゼフィルスの仲間は高い木の上にすんでいるので、なかなかその姿を見ることができませんが、縄張りを張っているときは、翅を開いて見通しの良い場所にとまっているので、その美しい姿を見ることができます。縄張りを張る時間は種類によって異なり、同じ場所でも時間によって種類が変わってきます。メスアカミドリシジミは朝の10時頃から昼頃まで縄張りを張っています。

撮影地：日本　長野県小諸市

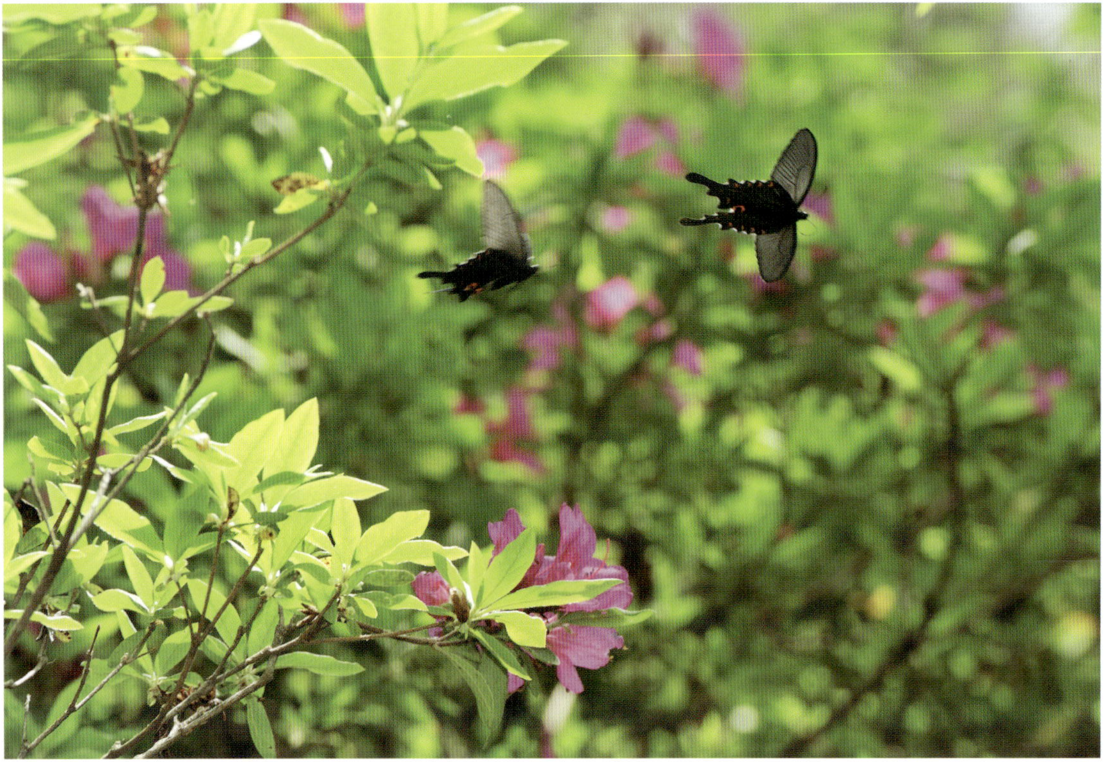

優雅に美しく舞う

毒チョウに似ることで身を守る、オナガアゲハ

　赤いツツジに舞う黒いアゲハチョウの姿は大変美しいと思います。中でも後翅(こうし)に長い尾を持ち、ゆっくりと優雅(ゆうが)に飛ぶオナガアゲハに惹(ひ)かれます。

　長い尾を持つよく似たチョウにジャコウアゲハがいます。ジャコウアゲハは幼虫のとき、ウマノスズクサという毒草を食べるので、チョウになってもその毒が残っていて、鳥に襲われないと言われています。オナガアゲハの幼虫はミカンの仲間のコクサギやカラタチなどを食べ、毒はありません。オナガアゲハは毒のあるジャコウアゲハに似ていることで、身を守っているすごいチョウです。

　オナガアゲハとジャコウアゲハは飛び方までそっくりです。他のアゲハチョウに比べると緩やかに飛びます。このように毒があるチョウに毒のないチョウが似ることをベーツ型擬態(ぎたい)と呼びます。

　オナガアゲハは本州から九州の低い山にすんでいます。春と夏の2回チョウになりますが、春のほうが確実に会うことができると思います。山沿いの林の近くにあるお寺の境内に植わっているツツジのところで待つのが良いと思います。近くに綺麗な川があれば完璧です。というのはオナガアゲハの主な食草のコクサギは少し湿った場所を好む植物だからです。飛んでいるオナガアゲハの撮影には70〜300mmぐらいのズームレンズを使い、シャッター速度を1/500以上にするのが良いと思います。

撮影地：日本　静岡県熱海市

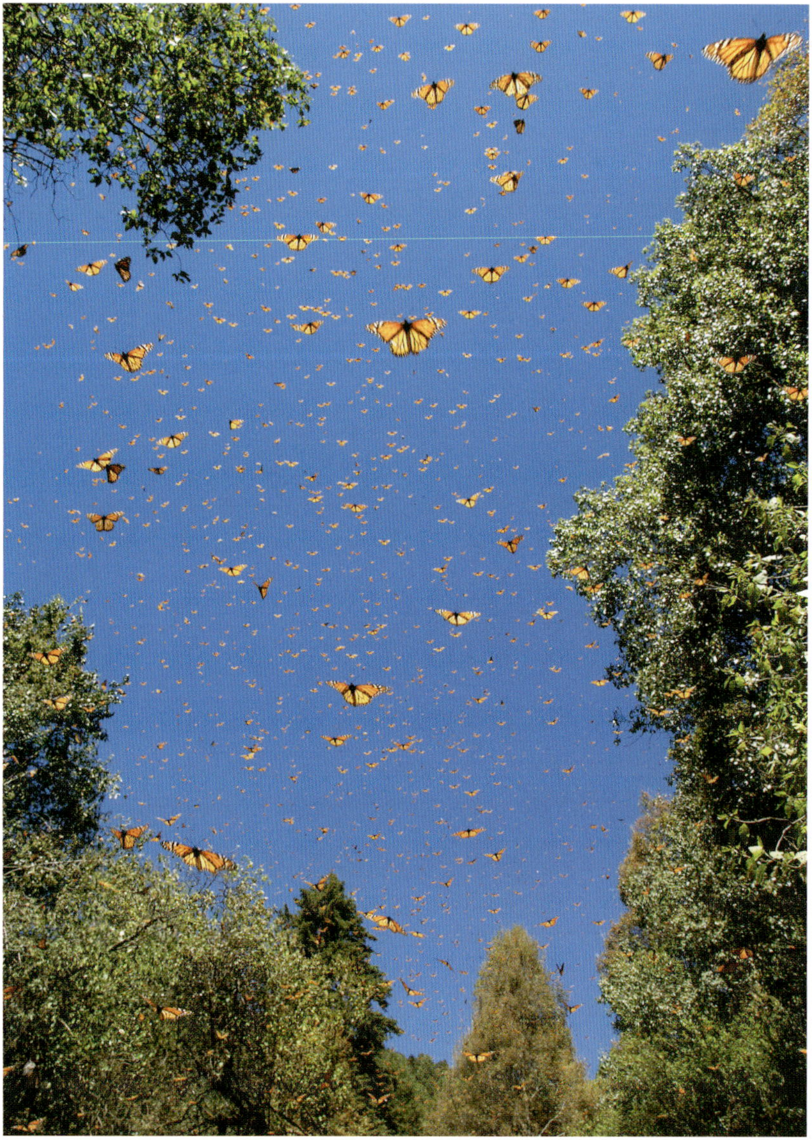

越冬するチョウ

群れをなして移動する、オオカバマダラ

　標高3000mを超えるメキシコの山中に、冬の間だけたくさんのチョウが集まってくる場所があります。11月は越冬地の山がチョウで賑わいはじめる季節です。

　そのチョウの名はオオカバマダラ。アゲハチョウぐらいもあるオレンジ色の美しいチョウです。アメリカやカナダではモナーク（皇帝）と呼ばれ、最もよく知られたチョウです。

　オオカバマダラは旅をするチョウです。冬は集団でメキシコの高地で暮らし、夏はアメリカ大陸の北部に渡り、そこで繁殖をします。秋になるとメキシコから渡ってきたチョウの子孫は、誰にも教えられないのに南に移動し、先祖が冬を越したのと同じ林に戻ってくるのです。集まってくるチョウの総数は年によって異なりますが、1億匹ぐらいになると言われています。今では観光地になっていて、訪れる人は年間100万人を超えるそうです。こんなに人を集める昆虫はオオカバマダラ以外にはありませんから、すごいチョウです。

　オオカバマダラはあまり寒いのは得意ではありません。けれど、幼虫が食べるトウワタの仲間は、夏に北アメリカの北部に多く茂るので、繁殖は北で行い、冬は寒さを避けてメキシコに集まる習性を持つことで、繁栄してきたチョウなのです。

撮影地：メキシコ　ミチョワカン州

Column: 昆虫の写真を撮ってみよう

　昆虫の写真を撮ってみませんか。昔は、昆虫は撮るのが難しい被写体でした。大きな一眼レフにマクロレンズという拡大ができるレンズをつけて撮影していました。もちろん今でも一眼レフとマクロレンズの組み合わせは昆虫撮影には便利なもので、この本の写真も、多くはその組み合わせで撮影しています。

　けれど、最近は性能の良いコンパクトデジカメがたくさんあります。中には1cmまで接写ができるものもあります。コンパクトデジカメはピントの合う範囲が広いので、良くピントが合います。昆虫写真の難しいところは、実はピント合わせです。これがコンパクトデジカメなら解決するのです。昆虫写真を撮ったことのない人には、まずは失敗が少ないコンパクトデジカメがお勧めです。

　どんなコンパクトデジカメを選べばよいかといえば、ズームのワイド側で3cm以内まで寄れるものを選びます。テントウムシのような小さい虫を撮りたければ1cmマクロの利く機種がお勧めです。失敗を少なくするためには必ずワイド側で使い、できるだけ昆虫に近寄って撮影します、ワイドになるほどピントの合う範囲が広くなり、失敗が少ないのです。

　ワイドマクロで撮る場合、上から写すよりも、なるべく横から写すと面白い写真になります。背景にビルが写っていたり、人が写っていたりする写真が撮れます。これは一眼レフではとても難しい撮影になるのですが、コンパクトデジカメなら簡単です。

　トンボやチョウをメインに撮りたければ望遠倍率の高いデジカメを選びます。中には20倍を超える倍率のカメラもあります。10倍以上の望遠付きのデジカメは小さな昆虫には向いていませんが、大きな昆虫なら離れたところから撮ることができるので便利です。

　みんなで撮影に行ったときなど、良い景色を撮れば、誰が撮ってもあまり代わり映えがしません。けれど、昆虫だと小さいので皆で同じ被写体を狙うというわけにいきません。だからそれぞれの写真が異なるのが面白いのです。

ナノハナの花粉を集めるミツバチ（撮影地　長野県小諸市）
ミツバチぐらいの小さな昆虫をこれくらいアップに撮るには、1～3cmぐらいまで近づけるコンパクトデジカメを選ぼう

フロックスの花に来たミヤマカラスアゲハ（撮影地　北海道札幌市）
コンパクトデジカメでも晴れた日なら飛んでいるチョウを写すことができる。ピントは花にあわせて、チョウが花から花へ飛び移る瞬間にシャッターを押す。

第 **3** 章
身近な昆虫を楽しむ

ノシメトンボ（長野県・小諸市）

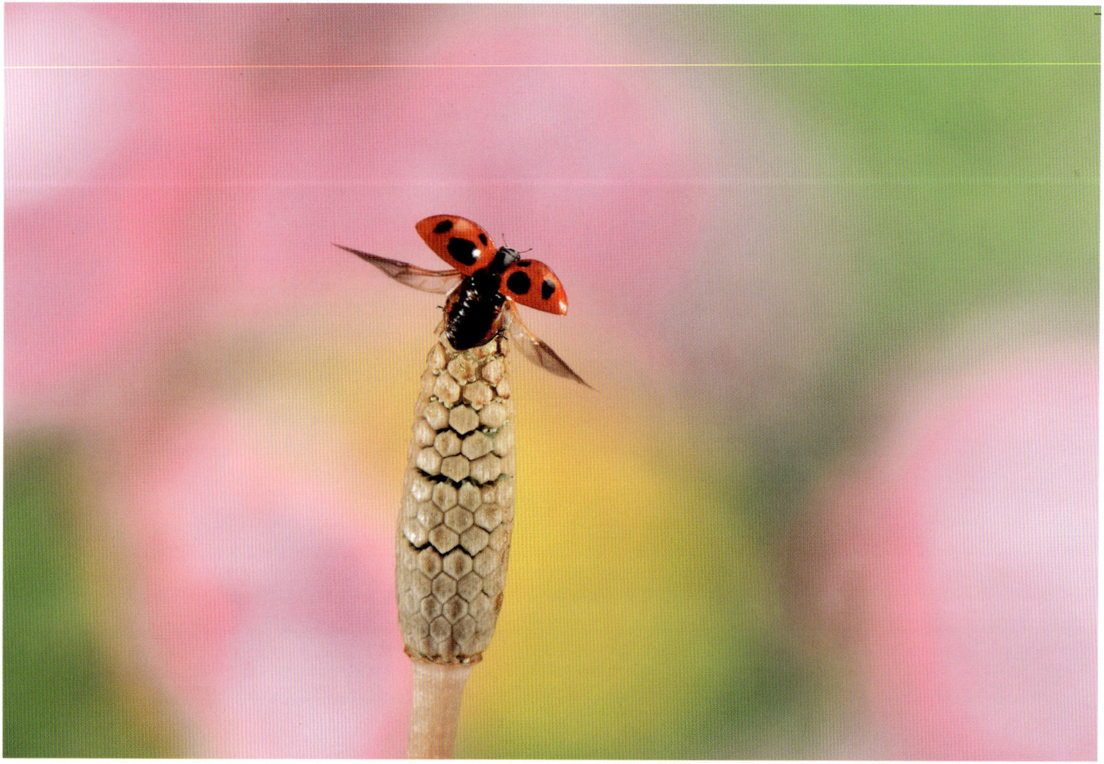

太陽に向かって飛び立つ
可愛らしさで人気のナナホシテントウ

　テントウムシは漢字で書くと天道虫です。高いところから、空に向かって飛び立つ習性があるところから名付けられたのだと思います。

　ナナホシテントウは、赤い翅(はね)に7つの黒い水玉模様がある、日本全国で見られるおなじみの虫です。3月の暖かい日に、オオイヌノフグリの咲く土手や野原に行けば、地面をはい回ったり、草の上から飛び立つナナホシテントウに出会えます。

　ナナホシテントウが活動するのは3月から6月頃で、真夏には姿を消してしまいます。いなくなってしまうわけではなく、夏は眠って過ごすようです。

　ナナホシテントウはアブラムシを食べます。4月にはカラスノエンドウ、5月にはオドリコソウやバラなどアブラムシの多い植物で見られるのも、そこにアブラムシがいるからです。幼虫もアブラムシを食べるので、メスはアブラムシのいる植物に黄色い細長い卵をたくさん産みつけます。アブラムシが多く発生する春から初夏の季節に活動時期をあわせているのですから、すごいことだと思います。

　幼虫も成虫も少し嫌なにおいのする黄色い汁(しる)を出すことがあります。この汁は苦くてまずいので鳥がいやがると言われています。人にはそれほど害はありませんが、汁が手についたら石けんでよく洗いましょう。

撮影地：日本　長野県小諸市

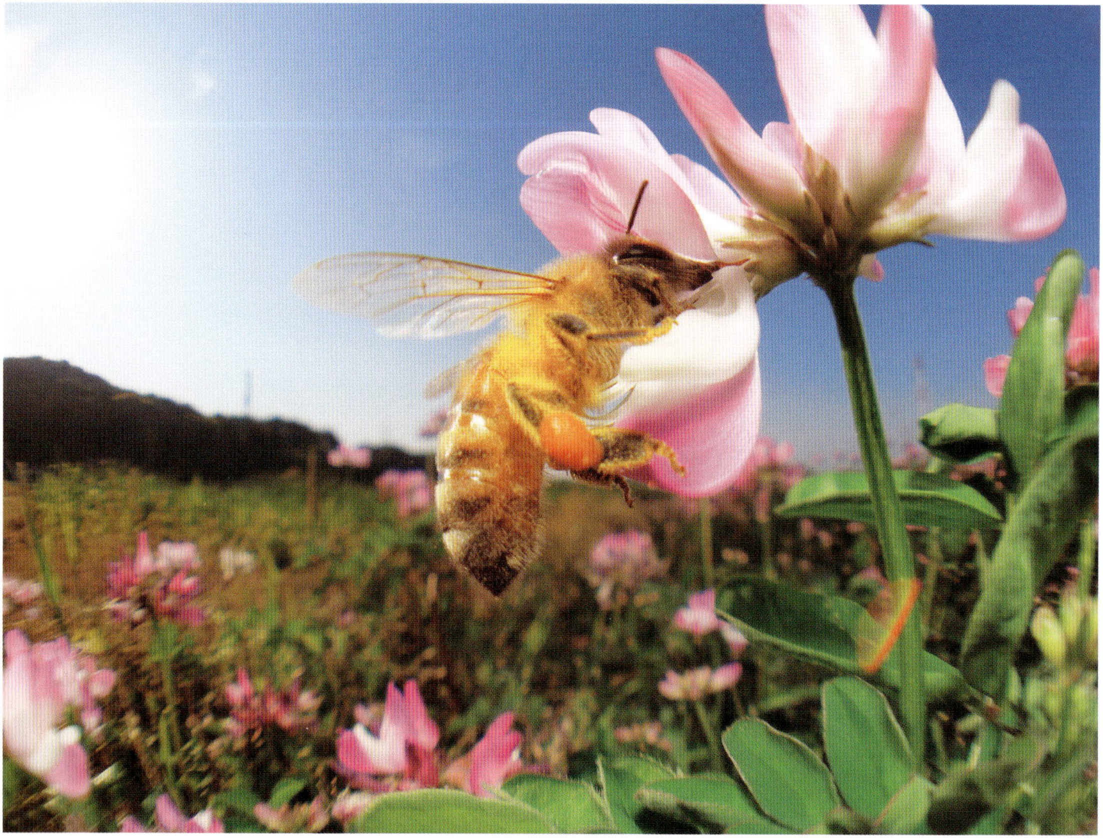

蜜や花粉を探して

女王を中心に集団生活をする、ミツバチ

　春にレンゲ畑に行けば、ミツバチがせっせと花粉や蜜を集めています。日本にすむミツバチは2種類います。セイヨウミツバチとニホンミツバチです。ニホンミツバチのほうが少し小さく、黒っぽいのが特徴です。

　ミツバチは女系家族です。卵を産むことができる女王は1匹だけですが、働きバチも全員がメスです。女王は命ある限り卵を産み続けます。1日に2000個近くもの卵を産むこともあるそうですから、まさに産卵機械です。働きバチは子供たちのために、蜜や花粉を一生懸命集めるのです。

　ミツバチは花と深い関係を持っています。花はミツバチに蜜や花粉を提供し、代わりに受粉の手伝いをしてもらうのです。レンゲの花のように、ミツバチぐらいの大きさのハチがいないと、種を作ることができない植物もあります。ミツバチが好きな花の色は青、紫、黄色などです。赤い色の花はミツバチにはよく見えません。代わりにミツバチは紫外線を見ることができるのです。

　花は蜜のある部分に紫外線を吸収する模様を持っているものも多いのですが、これはハチに、ここに蜜があるよと教える蜜マークです。ミツバチは良い花を見つけると巣に戻って、8の字を描くようにダンスをします。ダンスのしかたで、花のある方角や距離を伝えるという驚きの能力を持っているのです。

撮影地：日本　静岡県磐田市

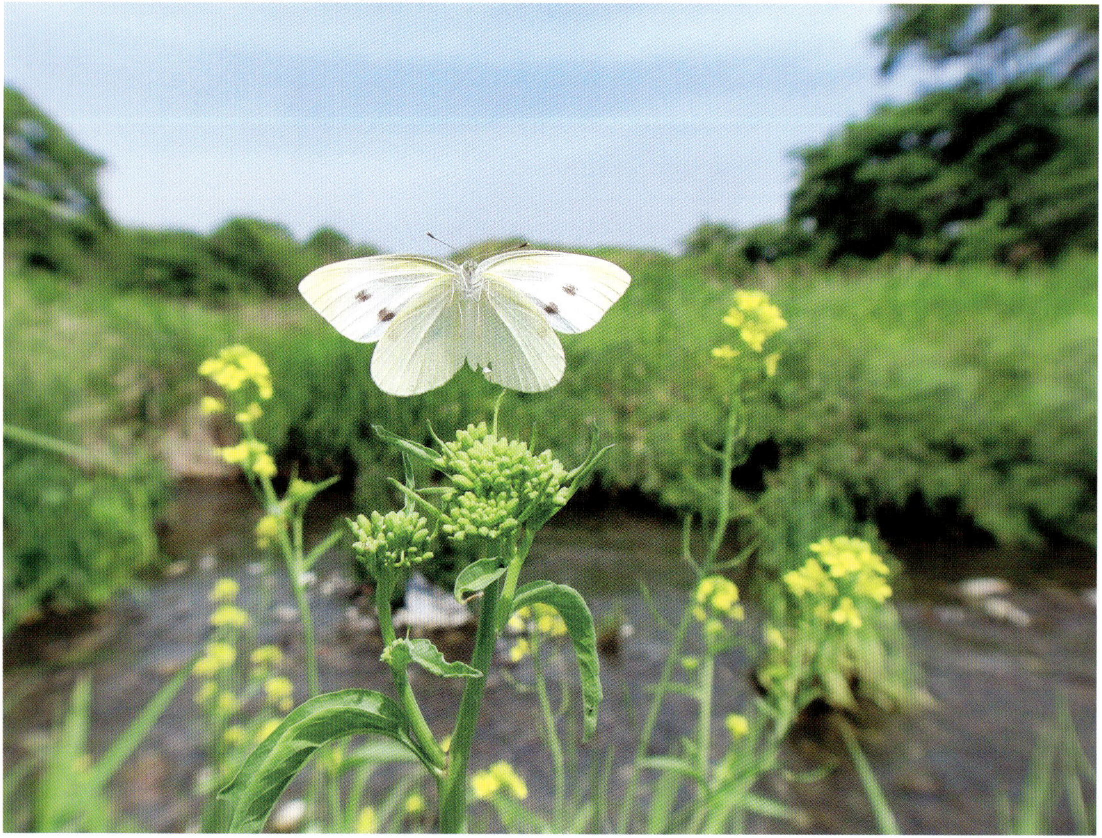

菜の葉にとまれ
都会でも見られる身近な存在、モンシロチョウ

　モンシロチョウは、都会では私たちの目を楽しませてくれる身近なチョウです。「ちょうちょ　ちょうちょ　菜の葉にとまれ　菜の葉に飽いたらさくらにとまれ」と歌われるのもモンシロチョウでしょう。モンシロチョウは菜の花が大好きです。菜の花はキャベツと同じアブラナ科の植物で、幼虫は葉を食べ、チョウになると蜜を吸います。東京の真ん中でも、お堀の土手に咲く菜の花でモンシロチョウを多く見ることがあります。

　モンシロチョウの幼虫はキャベツの葉を食べるのでキャベツ畑では嫌われ者です。けれど、キャベツを大規模に栽培している畑ではモンシロチョウを見ることはほとんどありません。モンシロチョウによく効く農薬が使われているからです。

　モンシロチョウはオスもメスも翅を広げると5cmほどの白いチョウです。私たちには区別しにくいオスとメスですが、モンシロチョウは自分たちの雌雄をちゃんと見分けることができます。モンシロチョウの目は私たちには見えない、紫外線を見ることができるからです。メスの翅は紫外線を反射しますが、オスの翅は吸収します。それでオスはメスよりも濃い色に見えるのではと考えられています。

　写真はモンシロチョウのメスが菜の花に卵を産みに飛んできたところです。

撮影地：日本　埼玉県東松山市

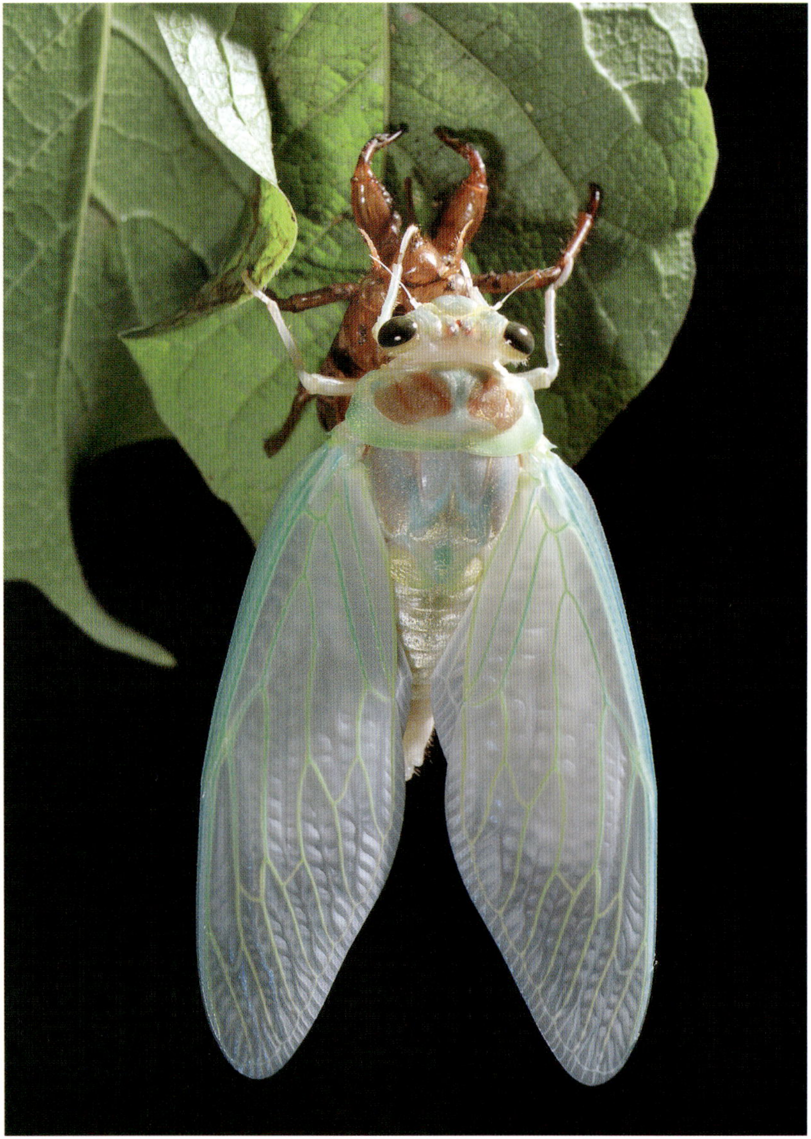

夏の風物詩

何の音に似ている？　アブラゼミの鳴き声

　７月も末になって、アブラゼミがジー…と大きな声で鳴きはじめると、暑い夏がやってきます。鳴くのはオスだけで、メスはその鳴き声でオスのところに飛んで行き、交尾（こうび）をするのです。１匹が鳴き出すと競うように周りのセミが鳴き出します。セミは暑いのが大好きです。アブラゼミ、ミンミンゼミ、クマゼミなどは林の中よりむしろ、都会の公園や街路樹（がいろじゅ）などに多いのですが、それは都会が暑いからだと言われています。

　とはいっても、土のない場所にはセミはすむことができません。セミは木に卵を産みます。卵からかえった幼虫は地中に潜り、木の根から汁（しる）を吸います。アブラゼミでは丸５年間も地中生活をすると言われています。だから、土があることはもちろん、その間に環境が変わらない場所にしかすめないのです。

　セミには好きな木があります。アブラゼミは都会ではサクラの木でよく鳴いています。農村ではナシやリンゴの木も大好きです。セミの口は管（くだ）のようになっていて、中に細い注射針のようなものがあり、木の幹に突き刺して汁を吸います。７月末から８月にアブラゼミの鳴いている公園に夜に行けば、羽化（うか）するところを見ることができます。殻（から）から出たセミは真っ白で、翌朝までには茶色くなります。羽化したばかりの真っ白なセミを、皆さんも一度、観察してみませんか。

撮影地：日本　長野県東御市

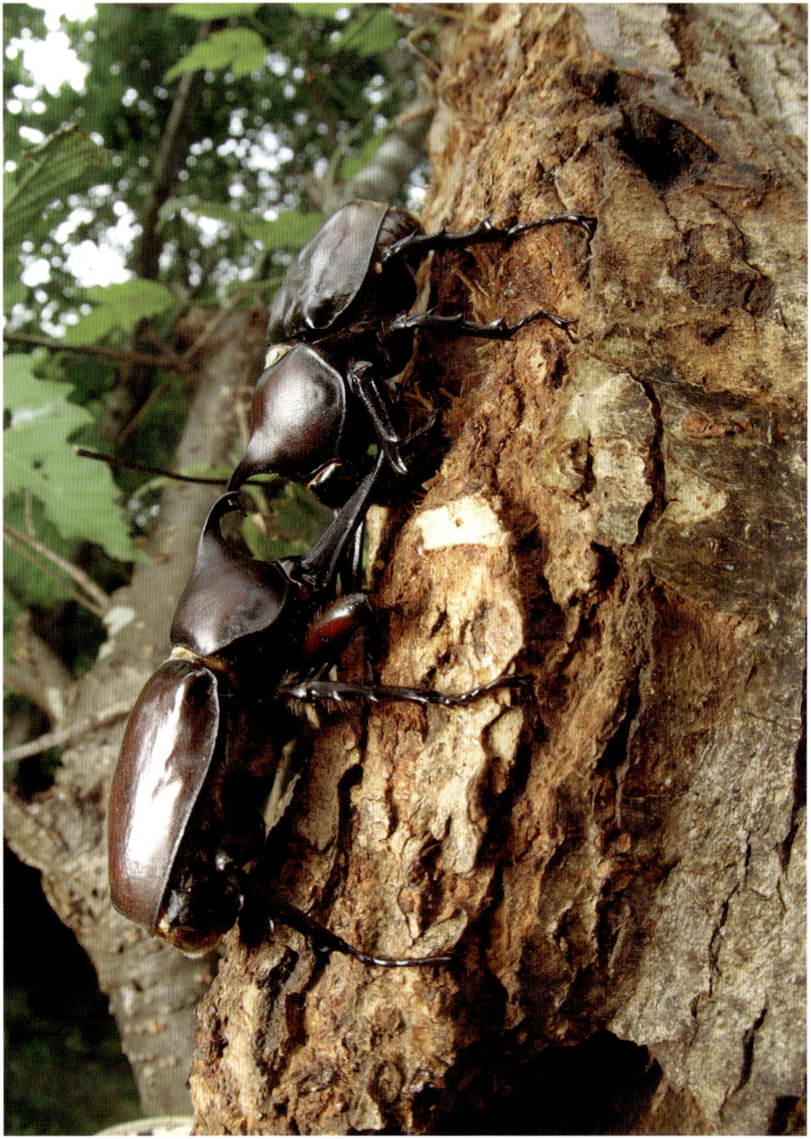

角を突き合わせて力比べ
昆虫の王様、カブトムシ

　世界にはたくさんの大型のカブトムシがいるのですが、日本のように身近な場所でカブトムシを観察できる場所はほとんどありません。

　日本にカブトムシが多いのは、身近な場所に幼虫が育つ場所があるからです。畑の肥やしにするために堆肥(たいひ)を作ったり、椎茸(しいたけ)栽培に使ったほだ木の古くなったものを捨てたりして、カブトムシは里山で普通に見られるようになったのだと思います。人の生活をうまく利用するなんて、カブトムシも生活力のある昆虫です。

　カブトムシは林の近くの街路灯(がいろとう)に夜8時か9時頃に飛んでくることがあります。けれど、生き生きとしたカブトムシに出会うには、樹液(じゅえき)の出ているクヌギやナラの木がある雑木林に行くことです。カブトムシは喧嘩(けんか)好きで、オス同士が出会うと角を突き合わせて喧嘩をします。かちかちと音を立てて角を突き合わす姿は勇ましいものです。でも、武器を持つと喧嘩したがるのは人間みたいでちょっといやですね。

　カブトムシが活動するのは主に夜ですが、あまり天気の良くない日は写真のように朝にもまだ樹液のところにいることもあります。撮影は魚眼レンズを使って周囲の環境を写し込んでみました。魚眼レンズには1.5倍のテレコンバーターと呼ばれるレンズを一緒に使うと、ゆがみが少ない高性能な広角レンズみたいに使えます。

撮影地：日本　長野県小諸市

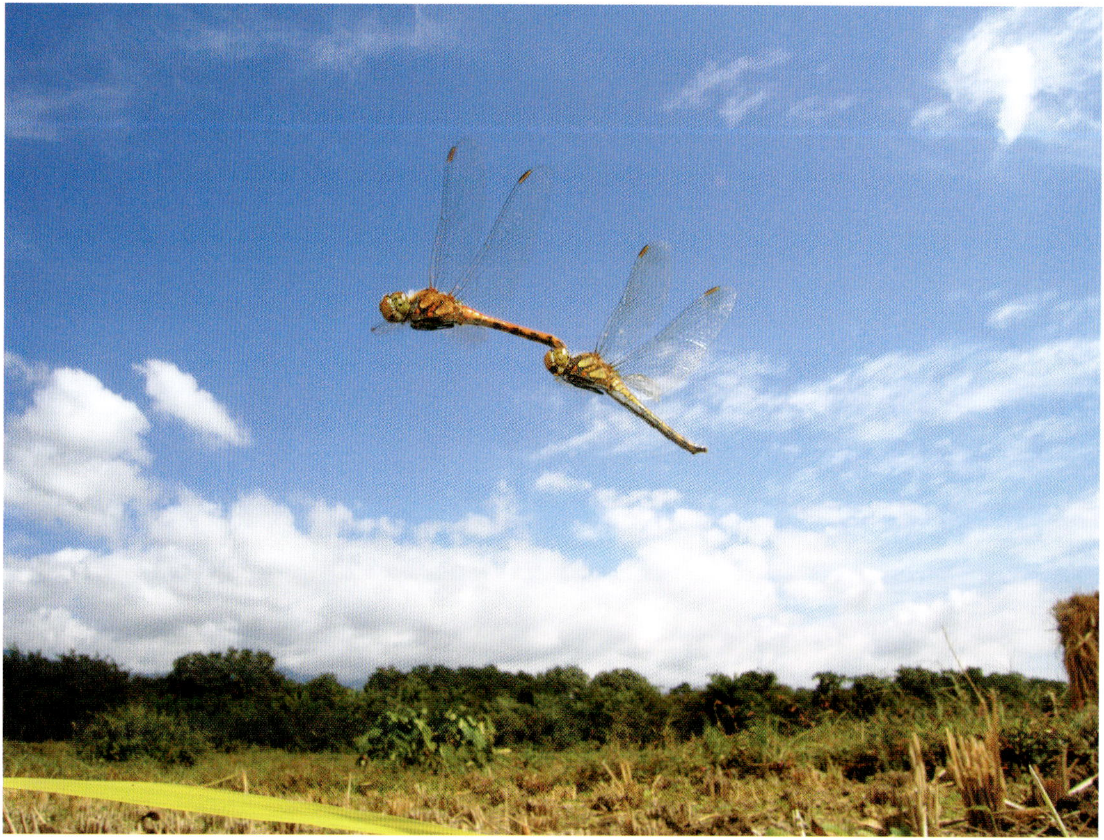

秋の風物詩
連結飛行する、アカトンボ

　夕焼けこやけの赤とんぼ…と童謡にも歌われるアカトンボですが、実はアカトンボと呼ばれるトンボは一種類ではありません。ナツアカネやアキアカネ、ノシメトンボなどたくさんの種類がいます。ほとんどのアカトンボは里の昆虫です。水田で生まれるものが多く、日本人が田んぼを作るようになって多くなったトンボでは、と思います。

　水田は冬に水を落としてしまうので、冬を幼虫で過ごすトンボにはすみやすいところではありません。ところが、アカトンボの仲間は卵で冬を越します。卵は乾燥に強く、春に田んぼに水が入ると孵化するのです。そしてわずか1ヵ月ほどでトンボになります。

　夏の高原に行くとアカトンボがたくさんいます。ほとんどがアキアカネです。アキアカネは6月末から7月初めにトンボになると、高い山に飛んでいくのです。アキアカネは、どうも暑いのが苦手なようです。夏の高原は餌になる虫もたくさんいるので過ごしやすいようです。高原にいる間はアカトンボと言っても、色はオレンジ色です。

　秋になると、山から真っ赤に色づいたアキアカネが、オスとメスでつながったまま、生まれ育った田んぼを目指して下りてきます。特に、雨上がりの翌日のよく晴れた日には多く、稲刈りの終わった田んぼの水たまりに卵を産んでいる姿を見ることができます。

撮影地：日本　長野県小諸市

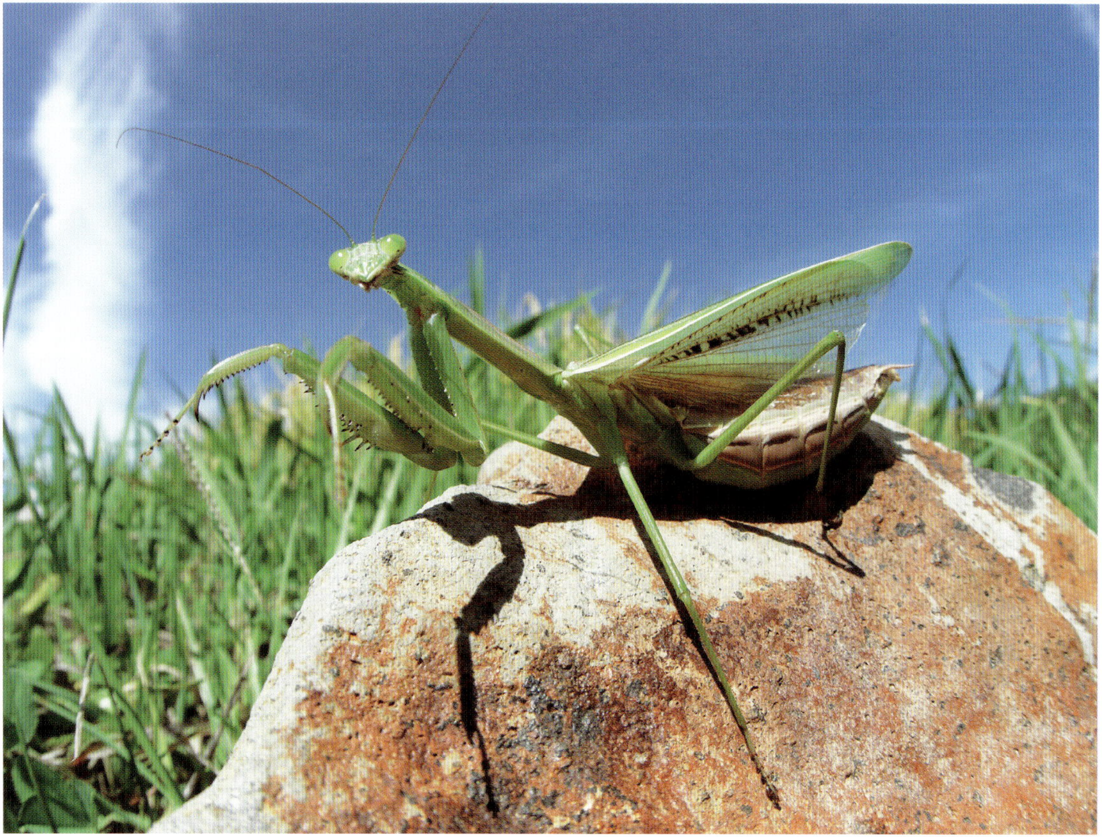

一瞬の鎌の動き

獰猛な肉食昆虫、カマキリ

　カマキリの前で手を動かすと、顔をこちらに向けます。カマキリは動くものにとても敏感です。写真を撮るときには、よくこの手を使います。こちらを向いていたほうが、表情のある写真が撮れるからです。

　生きている昆虫を捕まえて食べるには、動きに敏感な眼と、よく動く顔が役に立ちます。カマキリの眼は大きく、正面を向いています。正面を向いた眼は、獲物との距離を測るのに便利です。肉食動物の眼が大きく、正面を向いているのと同じです。カマキリは動くものを発見し、それが餌だと思うとそろりそろりと鎌が届くところまで近づいて、一気に鎌を振り下ろします。

　カマキリは肉食の昆虫なので、不用意に近づいたオスがメスに食べられてしまうこともあります。オオカマキリの交尾（こうび）をビデオで撮影しようと、別々に飼育していたオスとメスをベランダに放したことがあります。しばらく睨（にら）み合っていたのですが、突然、オスは正面からメスに飛びかかりました。その瞬間、メスの鎌が振り下ろされ、哀れなオスはメスに捕らえられてしまいました。頭を齧（かじ）られながらもオスは必死で交尾を試みます。そして何と交尾に成功したのです。これにはぼくもびっくりしました。頭を齧られてもオスはしばらく生きているので交尾はうまくいったようです。

撮影地：日本　長野県小諸市

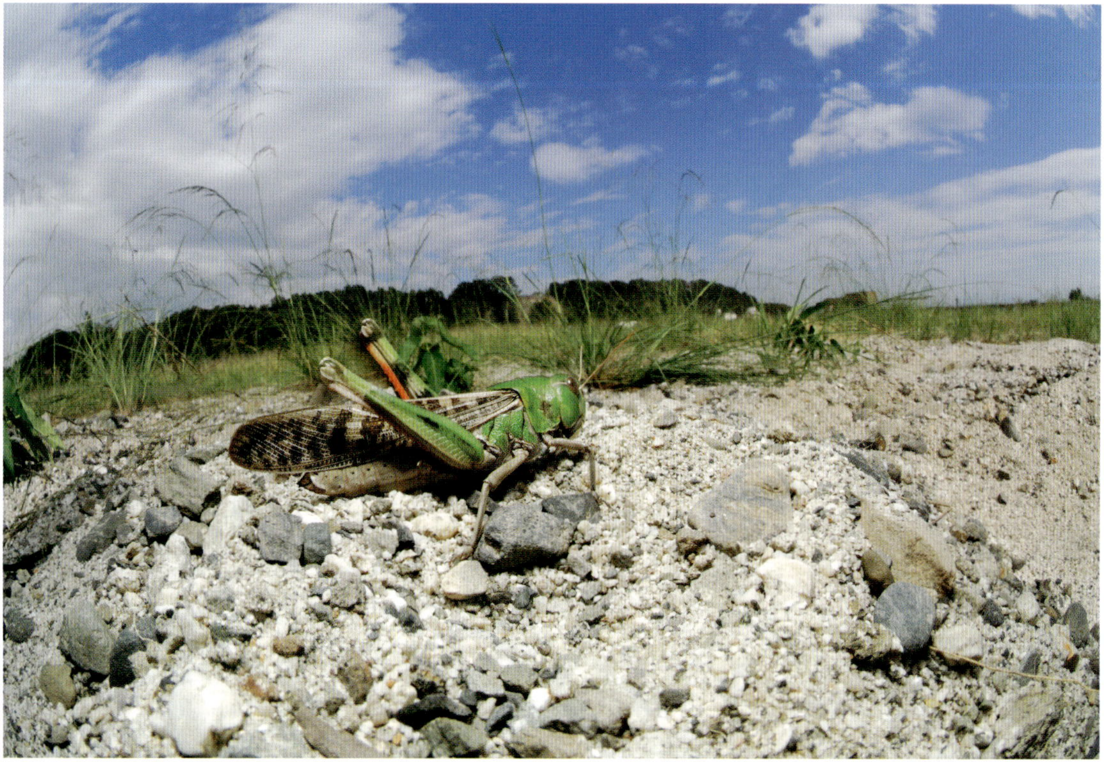

驚異のジャンプ力
長距離を飛ぶのに適した体形、トノサマバッタ

　子供の頃に捕まえたいバッタと言えばトノサマバッタでした。日本最大のバッタはショウリョウバッタですが、がっちりした体格のトノサマバッタのほうが、なんと言っても格が上です。

　当時、ぼくは新宿に住んでいましたが、まだ広い空き地があり、山手線の線路脇の道路も舗装されていなかったので、トノサマバッタは珍しいというわけではありません。けれど、捕まえようと近づくと、すごい勢いでジャンプして、遥か遠くまで飛んでいってしまいます。着地したところに駆け寄っても、また逃げられてしまいます。

　トノサマバッタの後ろ脚は、ジャンプするための脚だと言っても良いでしょう。後ろ脚でジャンプして、それから翅（はね）を開いて大空高く飛んでいきます。飛んでいるスピードはそれほど速くないのですが、最初の一跳びがすごいので、子供のぼくにはどうしても捕まえることができなかったのです。

　トノサマバッタを捕まえるのに良い方法があります。バッタの大きさと同じぐらいの木片に糸を結びつけ、棒につけてオスのバッタの前に投げるのです。そうすると、オスはメスと間違えて飛びついてきます。いったん飛びつくと木片にしがみついてしまい、引き寄せても離れないので簡単に捕まえることができるのです。

撮影地：日本　山梨県韮崎市

Column: 身近な昆虫を見つけるには

身の回りにも素敵な昆虫はたくさんいます。ナナホシテントウやミツバチなどはどこででも出会うことができます。昆虫探しというと、山へ行ってと思いますが、身近にすむ昆虫たちもよく見ればとても魅力的です。

子供の頃は昆虫がたくさんいたのに、今は少なくなったと、大人の人はよく言いますが、たいていの場合、昆虫が少なくなったのではなくて、興味が失せたり、上から見下ろしているので、昆虫との距離が離れてしまっただけです。子供時代を思い出して、目線を下げれば、昆虫たちはいつでもどこでも私たちを歓迎してくれるはずです。

昆虫は小さいので、ほんの少しの自然があれば小さな草むらにもすむことができます。春のレンゲ畑ではモンシロチョウやミツバチが、道ばたの草地ではテントウムシが歓迎してくれます。都会の公園などは夏にはセミの声がうるさいほどです。都会は敵が少ないので、セミも周りに無頓着です。森の中では、なかなか捕まえられないセミですが、都会の公園なら、手づかみで捕まえることもできるほどです。

最近はちょっと郊外に出れば、よく整備された自然公園や森林公園がたくさんあります。そんな場所は昆虫たちの憩いの場になっています。あまり珍しい昆虫はいないと思いますが、身近な昆虫たちはたくさん見つかるはずです。

秋の初めには近くの河原に行ってみるのが良いと思います。河川敷がある場所では、トノサマバッタが足音に驚いて空高く舞い上がります。草陰でカマキリがバッタを狙っています。大きな水たまりがあればギンヤンマが悠々と旋回をしていることでしょう。

昆虫を見つけたら、アカトンボの眼を回してみたり、カマキリにちょっかいを出したりするのも面白いものです。カマキリは手を動かすとこちらを向きます。扱いに慣れれば、まるで虫使いみたいに自由に操ることもできます。時には、子供時代にかえったつもりで一日虫と戯れてみるのはいかがでしょうか。

ウチワヤンマ（撮影地　葛飾区水元公園）
ウチワヤンマが枝の先にとまるので、そのすぐ横に指をだしたら、とまろうとした。何度でも繰り返すので、コンパクトデジカメでとまる瞬間を撮影した。

羽化途中のニイニイゼミ（撮影地　葛飾区水元公園）
羽化していたニイニイゼミを発見してコンパクトデジカメの広角側で撮影。ニイニイゼミは昼間に羽化することも多い。

第 4 章
擬態を楽しむ

コノハツユムシ（マレーシア・タバー）

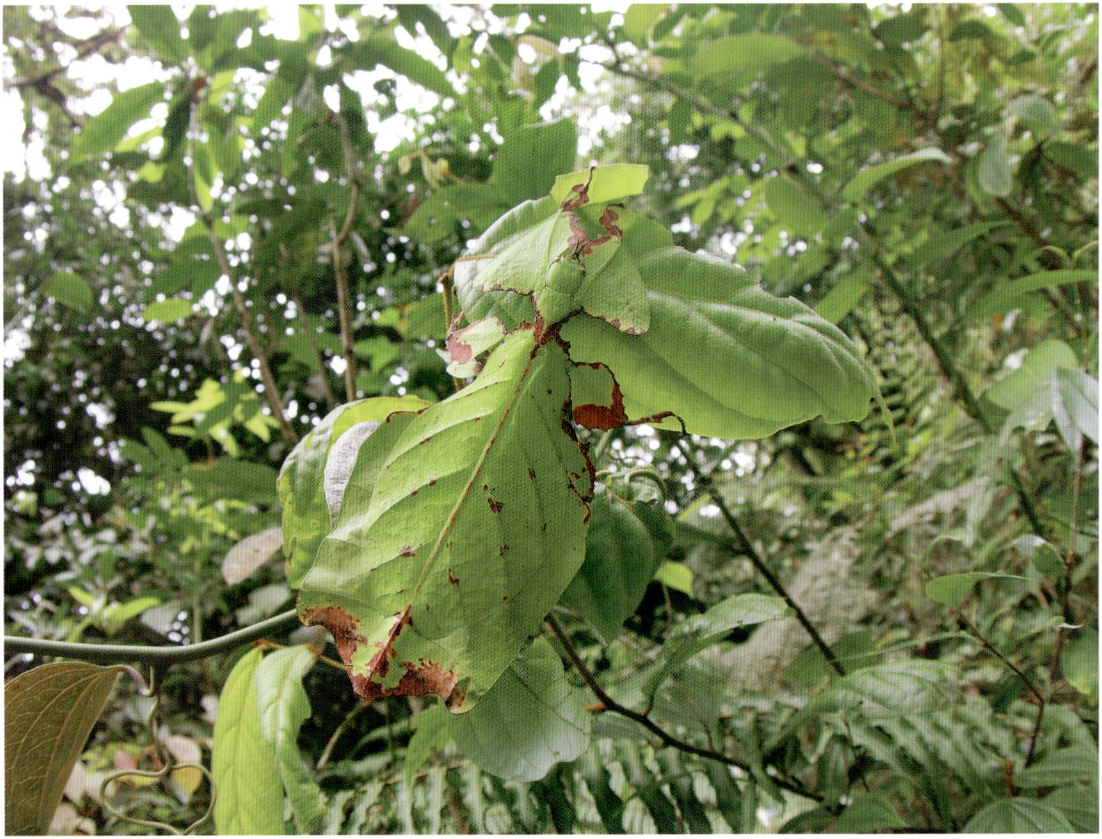

葉っぱに化ける
とまりかたにも工夫がある、コノハムシ

　アジアの熱帯地域にすむコノハムシの仲間は、木の葉にそっくりなことで有名です。マレーシアのオオ（おお）コノハムシは体長10cmほどですが、厚さは数ミリしかありません。緑色で、おなかを覆うように2枚の前ばねがあり、葉脈（ようみゃく）のような筋もついていますから、これはもう葉っぱそのものといってよいでしょう。

　コノハムシは、葉の裏に背中を下にしてとまっています。実は、この姿勢でとまることがとても大切なのです。このような姿勢でとまると、下から見上げると、翅（はね）の筋が葉脈のように透き通って見えるのです。上から見ると腹側が見えますが、腹側は濃い緑で、これがまたつるつるした葉の表面に似ています。意地悪して、翅があるほうから光が当たるように逆にとめてみました。するとどうでしょう。透過（とうか）光線で内臓の入っている中央の部分が、黒く背骨のように浮き出してきたのです。翅の裏側と、翅で隠されている腹部は中心部分の色が白っぽく、光がそこで拡散されるために、腹側から光が当たることによって内臓の影を消しているようです。光が当たる方向まで考えてとまるなんて、コノハムシはすごい虫です。

　写真はコンパクトデジカメの広角接写で環境も含めて写したものです。ピントが合う範囲の広いコンパクトデジカメは、自然観察にぴったりのカメラです。

撮影地：マレーシア　キャメロンハイランド

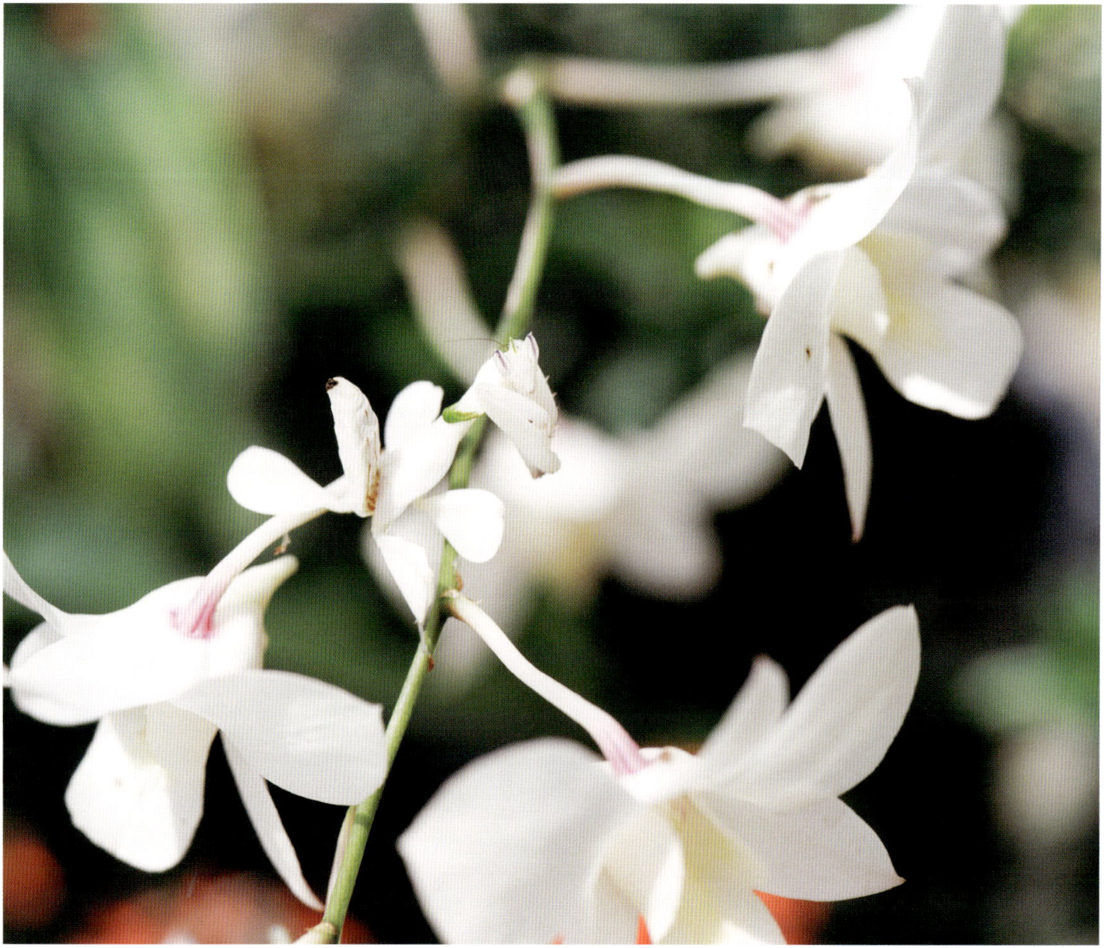

花にそっくり
花に化けてチョウを捕る、ハナカマキリ

　花にそっくりなハナカマキリは、タイからインドネシアにかけての熱帯雨林にすんでいます。おとなになると、オスは3cm、メスは7cmぐらいの大きさになります。

　花にそっくりなのは幼虫時代で、なんと中脚と後ろ脚に花びらのような突起（とっき）があるのです。いつもおなかを背中側に折り曲げてとまっていて、まるで5枚の花びらを持つ花のように見えるというわけです。

　花に似ているので、敵に見つかりにくいうえ、獲物のチョウやハチをおびき寄せることができるのです。葉の上にとまっているだけで、チョウやハチがやってくるのでびっくりしてしまいます。顔を正面から見ると目が尖っていて、縦筋があります。両目の間に角みたいな突起があって、そこにも縦筋があり、花のおしべみたいに見えるのです。

　餌食（えじき）になる昆虫は、花だと思って飛んできたら、突然鎌が振り出されて捕まってしまうのだから、たまったものではありません。鎌を振り出す速度は1/20秒といわれています。気がついたときにはもう捕まってしまっているというわけです。

　ハナカマキリはとても珍しい昆虫で、めったに出会うことはありません。けれど、その姿が面白いので昆虫園などで展示されていることが多く、ごらんになる機会もあると思います。

撮影地：マレーシア　キャメロンハイランド

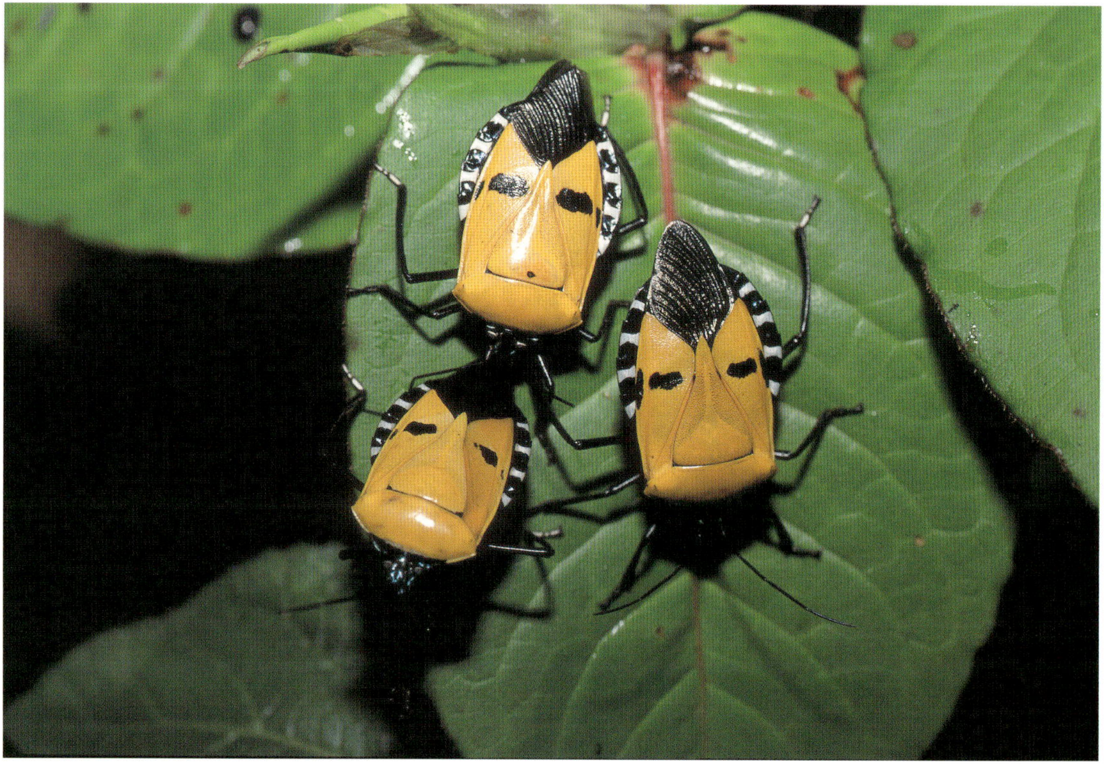

人の顔に似た模様

敵から身を守る模様を持った、ジンメンカメムシ

　マレーシアやインドネシアにすんでいるジンメンカメムシは、お相撲さんの顔のように見える模様を持ったすごいカメムシです。上下逆さまから見なければ人の顔に見えないのですが、いったん顔だと思えば、今度はどの方向から見ても人の顔に見えてしまいます。単なる錯覚でそう見えるだけだという人もいます。

　昆虫の敵は主に鳥です。鳥が嫌いな生き物に似ていれば、身を守ることができるはずです。実際、鳥が恐れるヘビに似た昆虫はたくさんいます。人も鳥にとっては怖い存在だったと思います。だから、人の顔に似た模様をして、敵から身を守っているのだと考えても良いのかもしれません。

　それではもっと人の顔に似た模様を持つ昆虫がいても良さそうですが、実際にはほとんどいません。それはたぶん、人が自然界で強くなってから、それほど時間が経っていないからでしょう。

　人の歴史は、昆虫の歴史と比べたらずっと短いのです。人がこのまま環境破壊を続けたりすると、やがて地球上にはたくさんのジンメンカメムシみたいな虫が現れてくるのかなと考えると愉快です。

　ジンメンカメムシは幼虫も成虫も木の実の汁を吸います。特に好まれるのが野生のサンタンカの仲間の若い実です。そのことを知っていれば、もしかしたら出会うことができるかもしれません。

撮影地：マレーシア　キャメロンハイランド

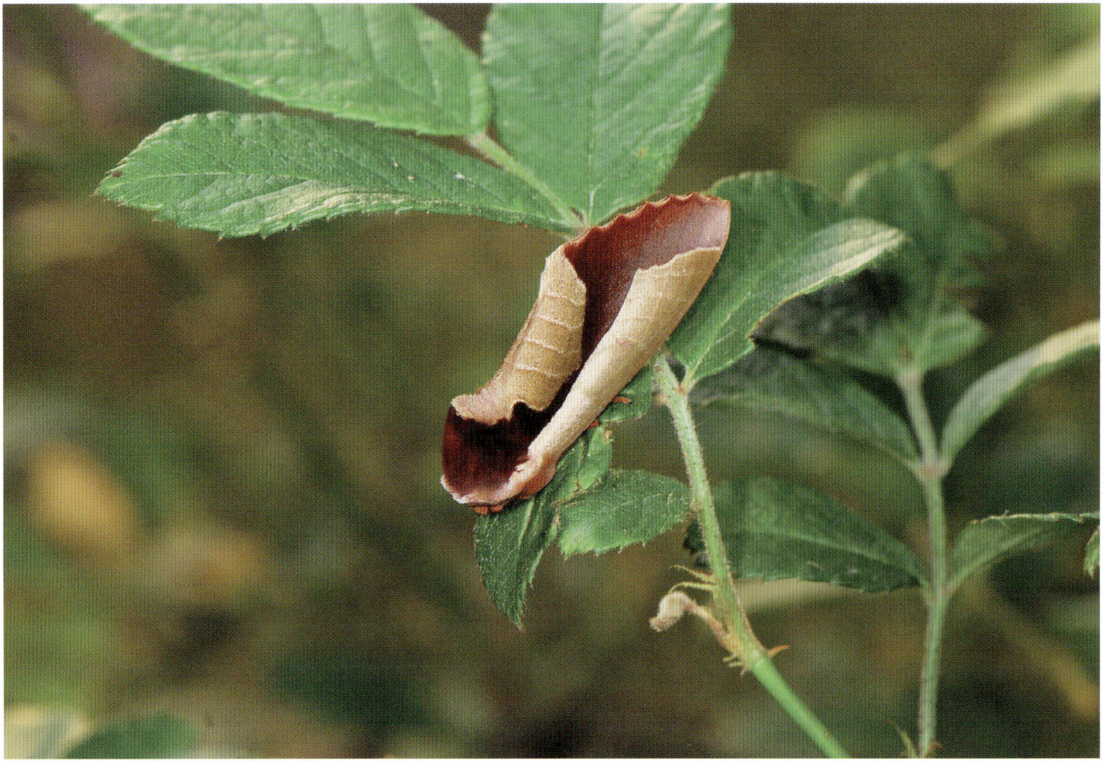

枯れ葉に化ける

枯れ葉にまぎれて姿を消す、ムラサキシャチホコ

　枯れ葉に似た昆虫はたくさんいますが、ぼくが一番びっくりしたのはムラサキシャチホコというガです。それほど珍しいものではなく、幼虫がクルミの葉を食べるので、6月頃にクルミの木の近くで見つかります。

　この写真のムラサキシャチホコは、夕方暗くなる頃に見つけました。羽化したばかりのようで、どこも傷んでいません。夜行性のガですから、夕方に羽化するのです。

　このガがとまっていると、丸まった枯れ葉が1枚あるように見えます。枯れ葉は乾くと丸まることが多いので、うっかりすると昆虫であることすらわかりません。でも、ガだと言われても、翅は丸まっているように見えるのではと思います。枯れ葉に擬態するために翅まで丸めてしまったのではと思うでしょうが、実際には、翅は丸まっているわけではありません。翅に丸まったように見える模様が描かれているだけです。

　枯葉が丸まっていれば、光が当たったときに影になる部分があります。そんなところは色が濃くなっています。画家に、丸まった枯れ葉を上から光が当たる条件で描いてもらったら、ムラサキシャチホコみたいな枯れ葉を描いてくれるのではないかと思います。

　こんなだまし絵みたいな模様が昆虫の翅に現れるなんて、とても不思議に思うのです。

撮影地：日本　長野県東御市

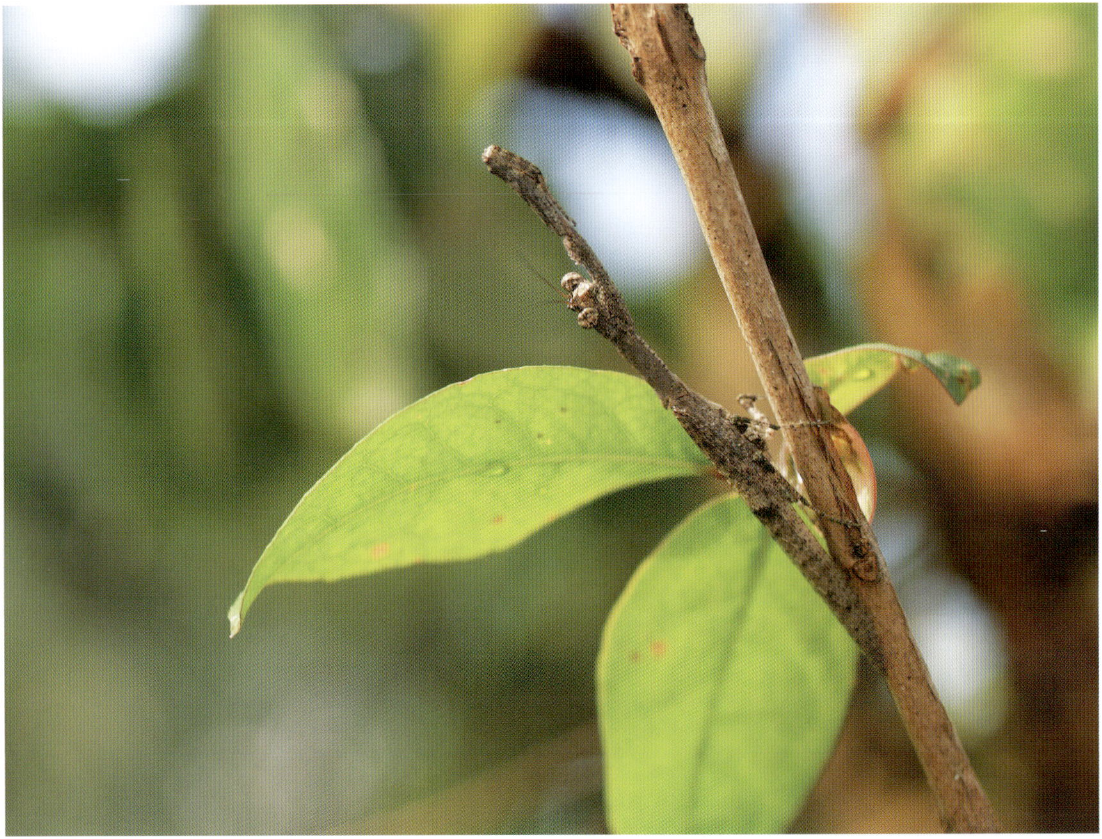

木の枝と一体化
カムフラージュの見事な、エダカマキリ

　ある朝、壁に見慣れない小さなカマキリがとまっていました。灯りに飛んできた虫が目当てなのだと思います。地味な灰色で、それほど変わった格好をしていないのですが、何だかちょっと気になります。よく見ると脚がとても短いのです。枝に似ているようにも思えたので、捕まえて近くにあった枯れ枝に放してみました。

　そのカマキリは枝を少し歩き、おしりを枝に付けると、鎌をまっすぐに伸ばしたのです。すると前脚と体は一直線になり、カマキリは木の枝に化けてしまいました。しかも、どうだと言わんばかりにこちらを向いたのには笑ってしまいました。見事なカムフラージュです。その後、このカマキリに会う度に同じことをやってみますが、いつも見事に枝に化けてくれます。

　カムフラージュの上手な昆虫を見つけたときは、どんな風に隠れるかが楽しみで、隠れられそうな場所に放して観察することにしています。その場所が気に入らなければ、飛んで逃げてしまいます。けれど、たいていはしばらく歩き回ると、気に入った場所を見つけ、見事に姿を隠してしまいます。

　鏡を持たない昆虫が、自分がどんなところにとまったら、身を隠すことができるのかを知っているのは、とても不思議なことだと思います。

撮影地：マレーシア　ペナン島

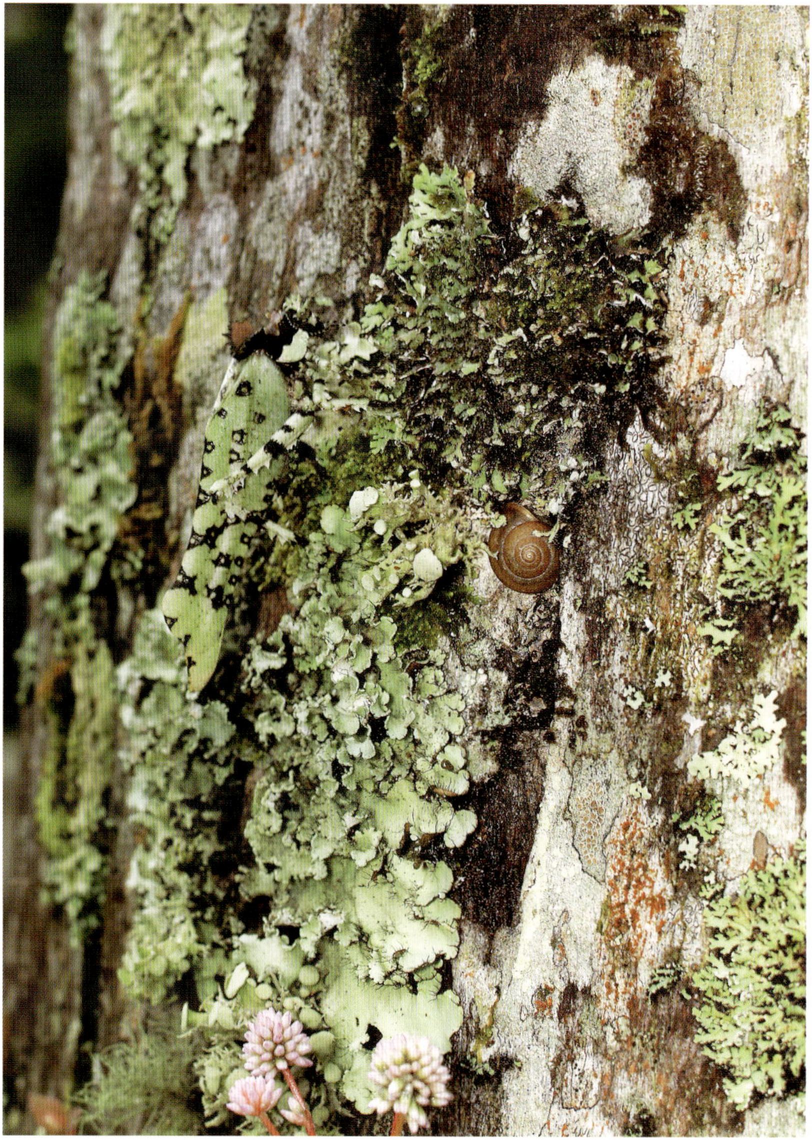

苔にそっくり
苔のような模様を体に持つ、コケギス

　熱帯の少し標高の高い場所には、雨霧林(うむりん)と呼ばれる湿った林があります。いつも霧がかかることが多く、木々は苔(こけ)で覆(おお)われています。そんな場所で、苔そっくりな模様を持つキリギリスの仲間に出会いました。

　最初に出会ったのは、ブラジルの国立公園の中のバンガローに泊まったときです。朝起きて、ベランダの横の木を見ていたら、苔そっくりなキリギリスがとまっていたのです。多分、灯りに飛んできて、朝になって居心地の良さそうな木にとまったのでしょう。日本語の名前はありませんから、仮にコケギスと呼ぶことにしました。それからはジャングルの中で泊まるときは、朝に灯りの周りを点検します。ペルーのジャングルでは小型の発電機を用意し、夜中じゅう灯りをつけておきました。そうしたらコケギスの仲間がなんと３〜４種ほども集まってきたのです。写真のコケギスは、そんなふうにしてマレーシアで出会ったものです。

　コケギスを苔の生えた木に放してみることにしました。そうしたら緑色のコケギスはまっすぐに緑色の苔のところに歩いていって、すぐに苔を食べ始めたのです。白っぽいコケギスはウメノキゴケみたいな白っぽい苔のところに歩いていって、その苔を食べはじめました。コケギスは苔を食べるキリギリスのようです。苔を食べたら苔みたいになってしまうのかと、不思議に思いました。

撮影地：マレーシア　カメロンハイランド

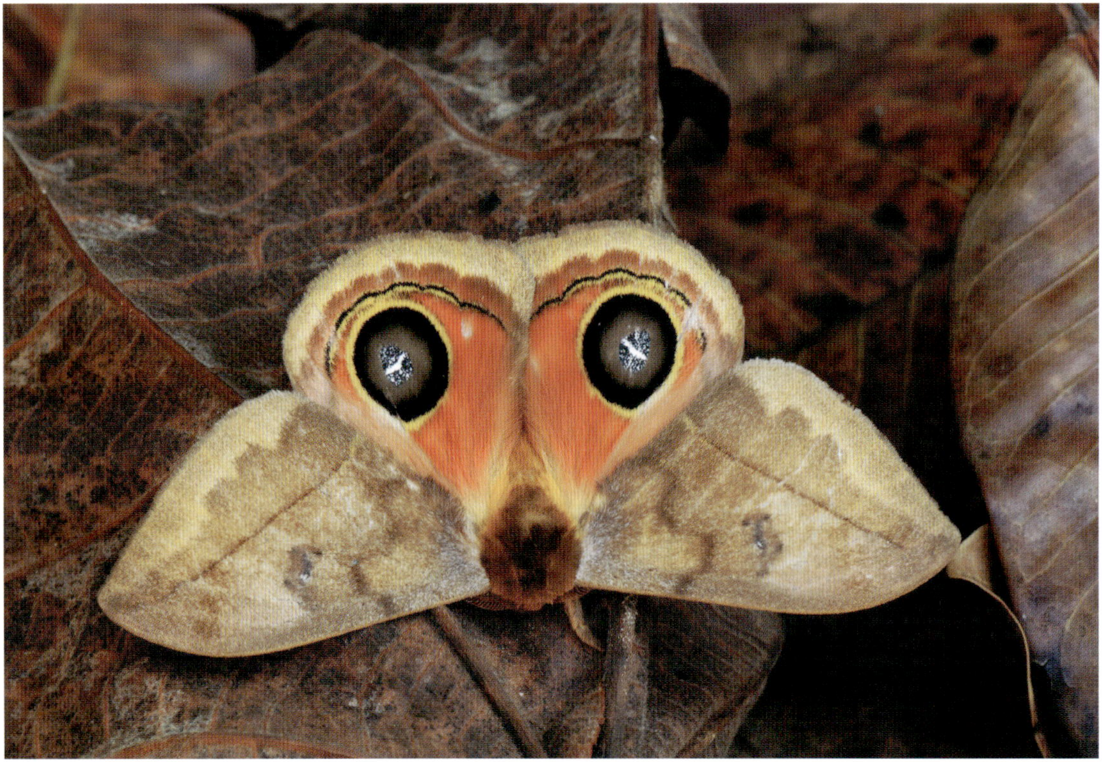

小鳥たちもびっくり
翅に大きな目玉模様を持つ、メダマヤママユ

　中南米の熱帯雨林には、すごい昆虫がたくさんいます。けれど、夜行性のものも多く、なかなか出会うことができません。夜行性の昆虫の中でも気に入っているのが、メダマヤママユという名の大型のガです。メダマヤママユは後ろ翅に大きな目玉のような模様があります。ふだんとまっているときは、この目玉模様は前翅の下に隠れて見えません。

　ジャングルの近くに泊まったときは、朝に灯りの周りを見回るのが楽しみです。夜にメダマヤママユが飛んできて、葉の上や壁にとまっているかもしれません。

　メダマヤママユを見つけたら、指で胸の部分を軽くつつきます。すると翅(はね)を大きく開き、後ろ翅の目玉模様を見せるのです。そしてそのまま何分間も動かなくなってしまいます。ガを食べてしまう小鳥は、大きな目玉模様が嫌いだということがわかっています。小鳥を食べるタカやフクロウの顔に似ているのだとも言われます。メダマヤママユを食べようとつついたら、突然大きな目玉模様で睨(にら)まれるので、小鳥はびっくりするのでしょう。

　メダマヤママユにはたくさんの種類があり、それぞれ目玉模様の色や形が異なります。鳥は頭が良いので、一種類の模様だと、すぐに慣れてしまうそうです。鳥を追い払う目玉風船も、何種類も用意して、時々取り替えると良いのだそうです。

撮影地：ホンジュラス　ヨホア湖

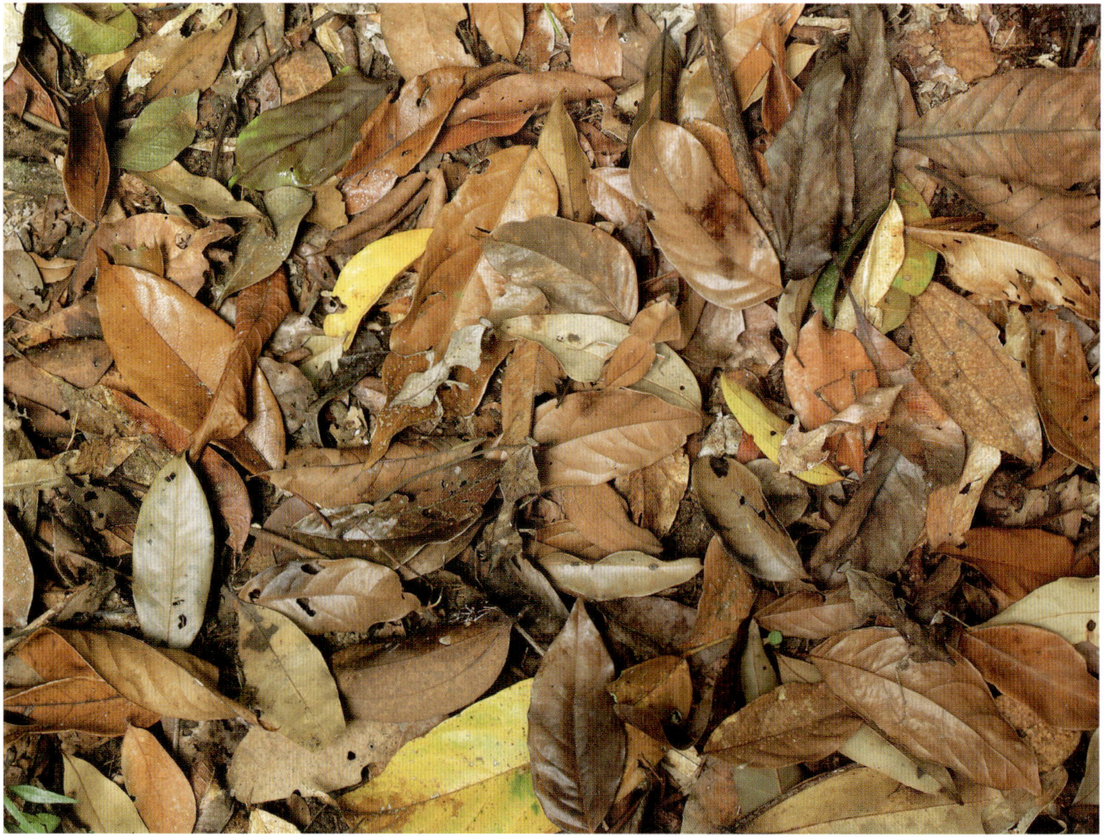

枯れ葉にまぎれる
様々な色がある、カレハカマキリ

　熱帯アジアのジャングルには枯れ葉によく似たカマキリがすんでいます。胸の部分が大きく広がって、枯れ葉らしく見せています。

　カレハカマキリは枯れ葉に似たカマキリの総称です。カレハカマキリで、ぼくが一番面白いと思うことは、同じ種類でも、様々な色や模様のものがいることです。枯れ葉に灰色のものや茶色のもの、黄色っぽいものなどがあるように、カマキリの翅(はね)の色も様々なものがあるのです。

　日本にもいるコノハチョウもそうですが、枯れ葉に似た昆虫の多くは色に変化があります。枯れ葉に似ることで身を隠しているのですが、どの色になっても身を隠す効果に差がないからでしょう。

　マレーシアにも何種類かのカレハカマキリがいます。この写真の中に3種類のカマキリがいるのですが、さて何匹隠れているかわかるでしょうか。

　実際には、カレハカマキリがこのように一緒にいることはないので、何匹隠れているかを探してもらうクイズの写真を撮ろうとしたのです。1匹から10匹まで1匹ずつ加えて順番に写真を撮っていったのです。ところが、できあがった写真を見たらどうしても10匹見つかりません。写真を撮っている間に、1匹逃げてしまったのです。それでもあまりに枯れ葉に似ているので、その事に気づかなかったのです。

撮影地：マレーシア　キャメロンハイランド

Column: いろいろな昆虫を観察してみよう

熱帯雨林は擬態の宝庫です。どうして熱帯に擬態している昆虫が多いのでしょうか。

昆虫の種類が多いことはその理由の一つです。例えばマレーシアのマレー半島の部分は、日本の本州とそれほど広さは変わりません。けれど、昆虫の種類は少なく見積もってもおよそ4〜5倍です。種類が多ければ当然変わった形の昆虫も多いでしょう。

熱帯雨林地帯は一年中高温多湿ですから、昆虫たちは年中世代交代をしています。世代交代が早ければ、進化も早いというものです。熱帯雨林は昆虫たちにとっても暮らしやすいところですが、昆虫を食べてしまう鳥にとっても暮らしやすい場所です。昆虫が目立たないように擬態をするのは主に鳥対策です。昆虫は鳥に見つからないように、鳥はどうやって昆虫を見つけるかという競争が常にあるため、見事な擬態が進化しやすいと考えられます。

さて、隠れている昆虫をどうやって見つけるかは大変です。鳥に見つからないように擬態しているのを、目の劣る人間が見つけるのは容易なことではありません。食べる植物が決まっている昆虫の場合は、その植物を探します。ジャングルの中に木道がある国立公園は、擬態昆虫探しにはもってこいの場所です。ボルネオのムル国立公園では木道のまわりでたくさんの擬態昆虫を見つけました。

けれど、擬態の上手な多くの昆虫はほとんどが夜行性です。擬態する昆虫をたくさん見たかったら、林の中にあるロッジに泊まり、朝に電気の付いていた場所の周りを探します。夜、灯りに釣られてやってきた昆虫が、周りの木の幹や、壁にとまっていることがあります。本格的に探すには発電機を持って行きます。灯りのないジャングルで水銀灯を付けるとたくさんの昆虫が集まってきます。ほとんどがガの仲間ですが、その中に混じってキリギリスの仲間など、擬態した昆虫が混じっていることがあります。この本のペルーのコケギスは、このようにして探したものです。

カレハバッタ（撮影地　マレーシア）
枯れ葉にそっくりなカレハバッタを捕まえて、枯れ葉を与えたら食べはじめたのにはびっくりした。

夜のジャングルで灯りをつけて虫を呼ぶ（撮影地　ペルー）
夜のジャングルの中で、地面に白い布を広げて水銀灯をつけたら、昼間は見られない様々な昆虫が集まってきた。

第 5 章

習性を
楽しむ

コーカサスオオカブト（マレーシア　キャメロンハイランド）

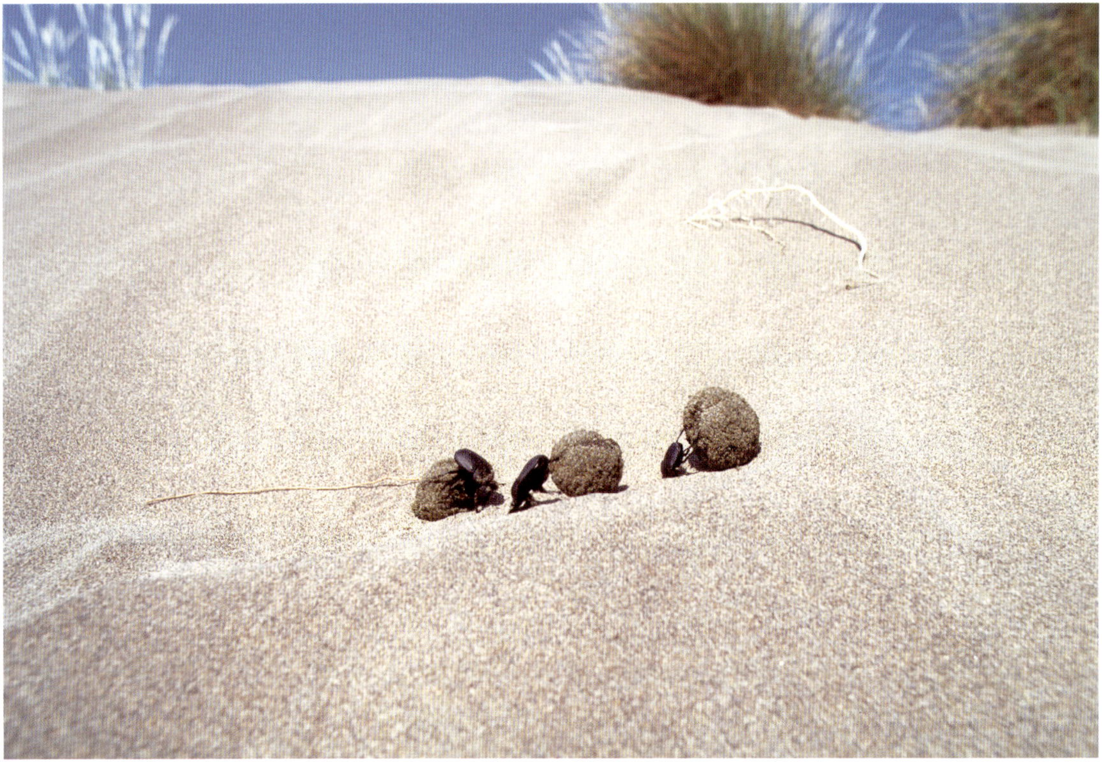

上手にフンを転がして
フンコロガシとも呼ばれる、タマオシコガネ

　フンで作った丸い玉を逆立ちして、後ろ脚で上手に転がしていくフンコロガシ。何度見てもそのユーモラスな姿は見飽きることがありません。
　残念ながらフンコロガシは日本にはすんでいません。ぼくが出会ったのは、南フランス。最初は時期もよくわからず、何度も空振りに終わったのですが、ある時、フランスの研究者が羊のフンを持っていくと良いとアドバイスしてくれました。
　オーベルジュという農家民宿に泊まっていたのですが、運良くそこでは羊を飼っていたのです。さっそく親父さんに頼んで、新鮮な羊のフンをもらい、ナカボシタマオシコガネというフンコロガシがいるという地中海に面した砂丘地帯に行ってみることにしました。
　フンを置いて10分もしないうちに、ブーンという羽音がして、次々にフンコロガシが飛んできたのです。フンの近くに着地したタマオシコガネは急ぎ足でフンに駆けよってきました。それからヘラのような形の頭と前脚とを使ってフンを切り取り、上手に丸い玉を作ったのです。
　フンコロガシはフン球を遠くまで運んでいきます。途中で、横取りしようとする泥棒が現れたりするから愉快です。気に入った場所を見つけると、砂を掘ってフン球を埋めてしまいました。フンコロガシは安全な場所でゆっくりと食事をするのです。

撮影地：フランス　カマルグ

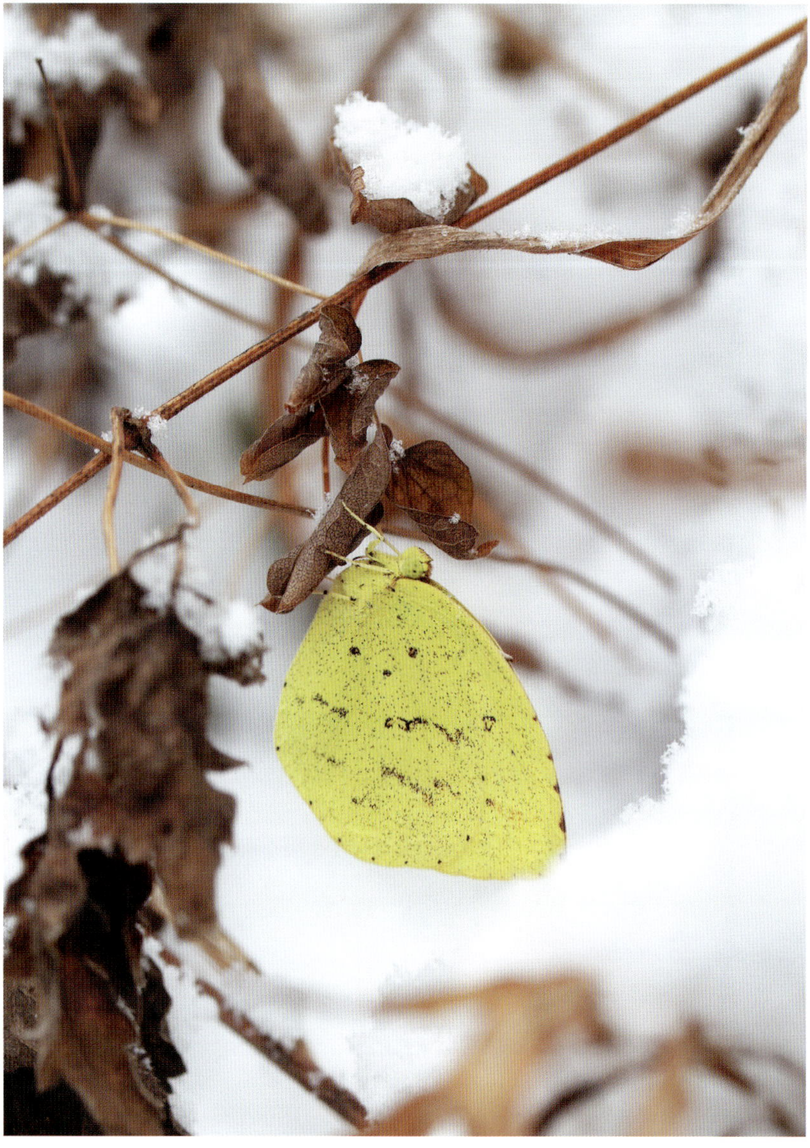

じっと動かず
成虫で冬を越す、キチョウ

　冬になると昆虫の姿を見かけなくなります。昆虫たちはいなくなってしまったわけではなく、卵、幼虫、蛹(さなぎ)といった姿で冬を越しているのです。成虫で冬を越すものも多いのですが、冬の間は動かずにじっとしています。変温動物の昆虫は、冬の間は体温が下がって動くことができなくなってしまうのです。

　チョウの仲間にも成虫で冬を越すものがいます。キチョウもその一つです。冬の間は枯れ草の間や岩陰にとまって過ごします。暖かな地方では、冬でも気温が上がると飛び出してくることもありますが、ぼくが観察している長野県の小諸市は冬の気温がとても低く、12月から2月までは動くことができません。

　毎年、キチョウが越冬する場所を見つけて観察していますが、何年間もその場所は変わりません。崖(がけ)から水が染み出ていて、少し湿った場所です。冬に乾燥が激しい土地柄なので、そうした場所が選ばれるのだと思います。それでも冬の間に雪に押しつぶされたり、霜(しも)が当たって体温が下がりすぎて死んでしまうものも多いようです。特に暖かい日が続いて、急に気温が下がり、そのまま真冬になってしまうような年には、冬を越せないものが多いようです。この写真のチョウも、本当はもっと枯れ草の奥まで潜り込んで冬を越さなければいけないのです。

撮影地：日本　長野県小諸市

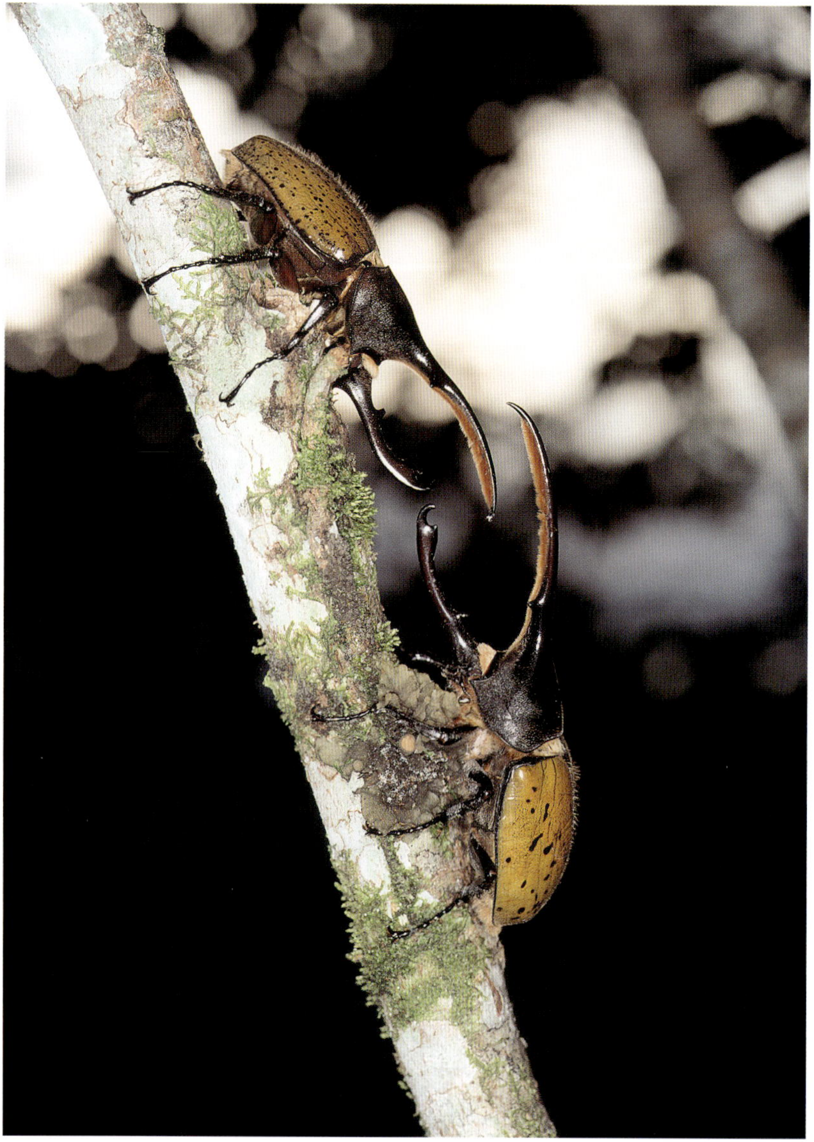

世界最大のカブトムシ

優雅で装飾的な、ヘラクレスオオカブトムシ

　ヘラクレスオオカブトムシは、日本でも飼育されて、ペットショップなどで見かけることもありますが、中南米の原生林にすむ、世界最大のカブトムシです。現地で見つけるのは大変です。20年ほど前にヘラクレスオオカブトムシに会いたくて、灯火採集の道具を持って40日ほど、南米のジャングルに出かけたことがあります。

　大学の演習林のようなところで、まず大学へ行ってわけを話し、許可をもらいました。毎晩、夜中灯りをつけて飛んでくるのを待ったのです。何日目かに明け方近くなって、メスが飛んできました。吐く息が白くなるほど冷え込むのですが、よく飛べるものだなと感心しました。けれどメスでは確信が持てません。南米にはネプチューンオオカブトムシという、よく似たカブトムシがいるからです。

　1週間ぐらい経って、日が暮れてまもなく、大きな羽音を立ててヘラクレスカブトムシのオスがやってきました。最初に来たメスはネプチューンオオカブトムシだったのです。

　ネプチューンオオカブトは明け方に、ヘラクレスオオカブトは日が暮れてまもなくが活動の時間のようです。お互いぶつからないように時間を分けて活動しているのではないのでしょうか。

撮影地：ベネズエラ　マラカイ

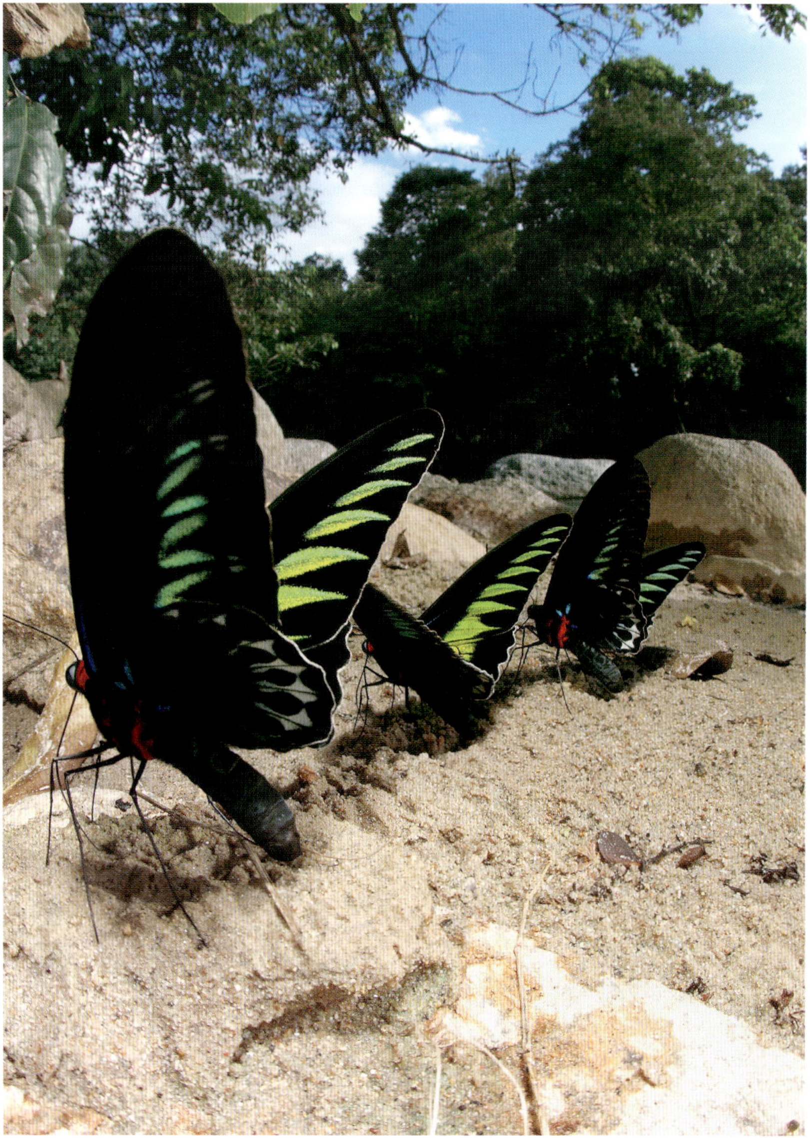

温泉の水が好き

真っ赤なマフラーを巻いた、アカエリトリバネアゲハ

　アカエリトリバネアゲハはマレーシアやインドネシアの熱帯雨林にすんでいます。翅(はね)を水平に広げると15cm以上もある、とても大きなチョウです。鳥のように大きく、真っ赤なマフラーを巻いたような模様が首のところにあるのが名前の由来です。このチョウを発見したのは進化論で有名なウォーレスです。マレーシアではラジャ・ブルークと呼ばれますが、ラジャは王様、ブルークは19世紀にボルネオを統治したブルーク卿のことです。チョウの名前に、昔の偉い人の名前がついているなんてすごいことです。

　マレーシアのタパーという町から10kmばかり山に入ったところに、川岸に温泉がわいている場所があります。40年ほど前はジャングルの中だった温泉は、今では公園になっています。けれど、周りにはジャングルがあるので、今でも一年中たくさんのアカエリトリバネアゲハが集まって水を飲んでいるのを見ることができます。

　温泉の水にはミネラル分が豊富に含まれています。アカエリトリバネアゲハは何時間もそこにとどまって水を飲みながらおしっこをしています。水の中にほんの少し含まれているナトリウム塩を体の中に取り入れているのだと言われています。不思議なことに、ここに集まってくるのは全てオスです。

撮影地：マレーシア　タパー

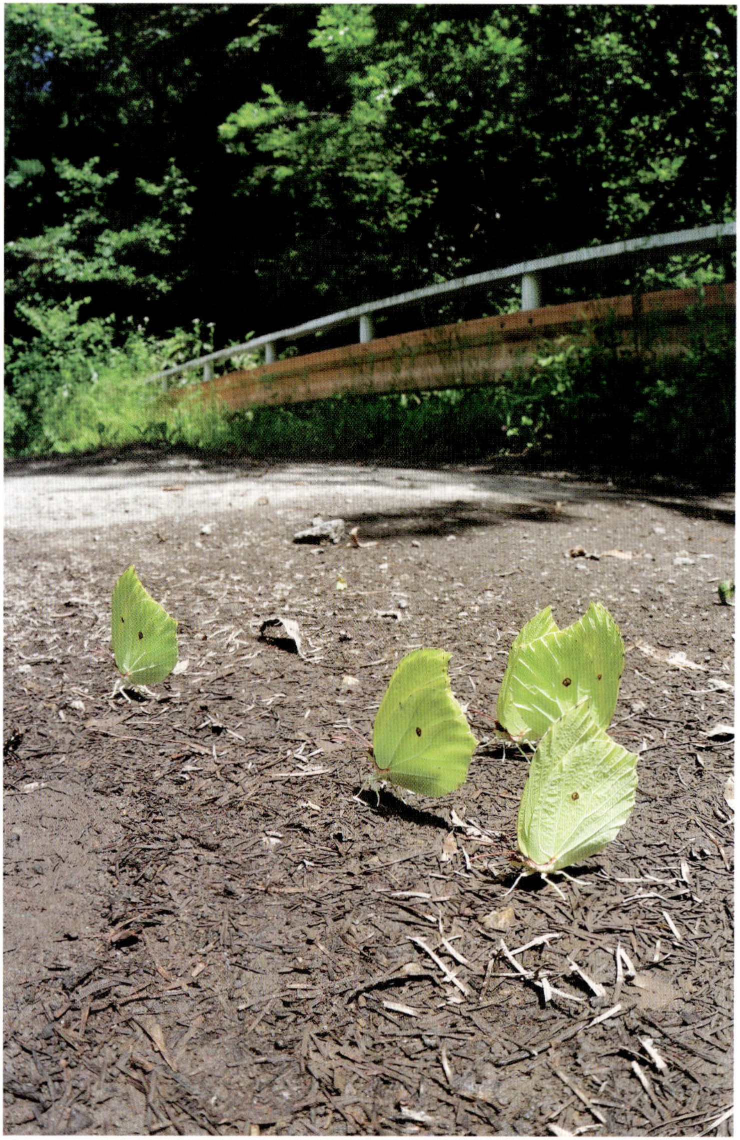

キャベツの葉っぱ!?
土を求めて舞い降りる、スジボソヤマキチョウ

　チョウのマニアにはあまり人気のないチョウですが、一般の方に写真を見せると、ダントツの人気なのがスジボソヤマキチョウです。みんなキャベツの葉っぱみたいなチョウだといいます。そういえば、高校の生物部だったときに、チョウの標本を並べ、人気コンテストをしたのですが、女性に一番人気があったのもこのチョウでした。

　スジボソヤマキチョウは、年1回、7月の初めにチョウになります。翌年の春まで生きる長生きなチョウです。けれど、美しい姿を見られるのは7月いっぱいで、真夏は眠ってしまいます。

　写真のように舗装されていない道路に集まるのは、羽化して間もないチョウです。羽化したばかりのチョウが、土に含まれるミネラルを求めて集まるのです。1匹が地上に降りると、周りを飛んでいたスジボソヤマキチョウが、次々と舞い降ります。

　小学5年生の夏に、長野県の菅平高原で大集団に会いました。バスがその場所を通ると紙吹雪のようにチョウが舞い上がった光景は、今でも忘れることができません。道路がほとんど舗装されてしまった今では、ちょっと山奥の林道に行かないと集団で水を飲む様子は見ることができません。

　この写真は長野県の佐久市郊外の林道で撮影したものです。

撮影地：日本　長野県佐久市

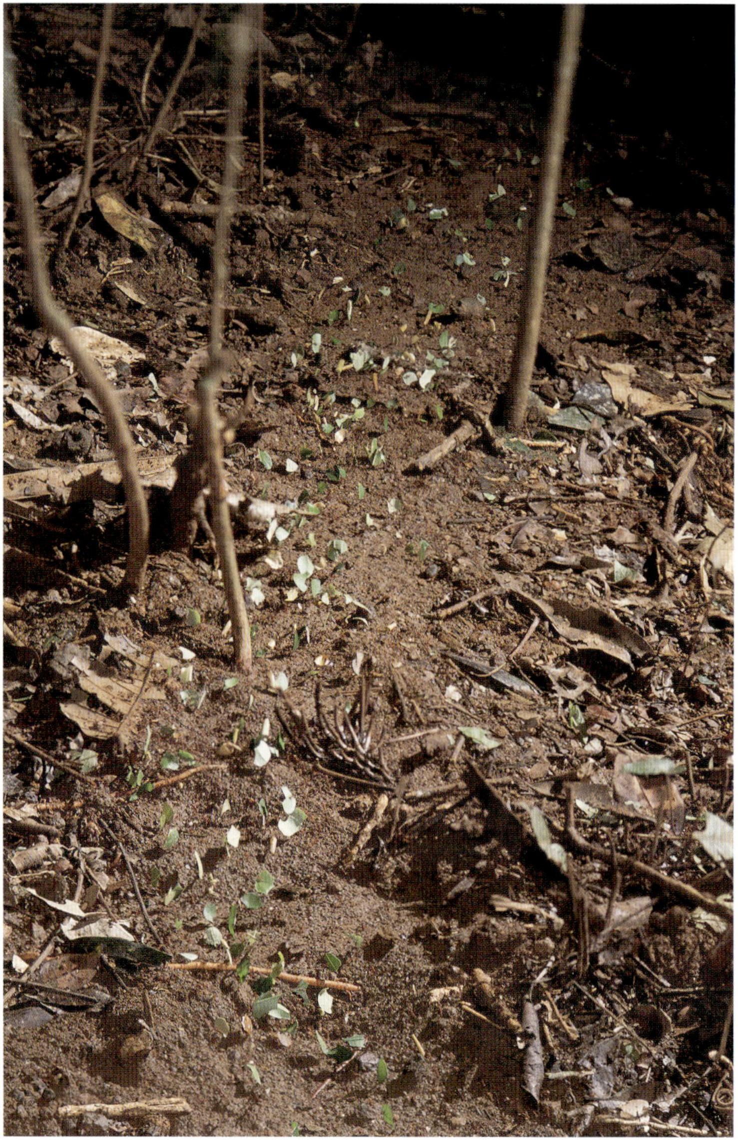

葉っぱの行進

キノコ栽培の達人、ハキリアリ

　中南米のジャングルでは、森の中の小道を葉っぱの行列が歩いています。しゃがんで見てみれば、アリが葉をくわえて歩いているのがわかります。ハキリアリです。運ばれている葉の上に小さなアリが乗っていることがあります。楽しようとして、なんて言ってはいけません。この小さなアリは、寄生バエや寄生バチを追い払う役目をしているのだと言われます。

　行列がやってくる方向にたどっていくと、高い木の梢(こずえ)から行列がおりてくることもありますが、低い木で葉を切っている現場を見ることができるかもしれません。ハキリアリの大アゴはハサミのようになっていて、体を回しながら、上手に葉を切り取っていきます。

　葉っぱの行列は、地面にぽっかりと空いた穴に吸い込まれていきます。ハキリアリはキノコ栽培をするアリです。持ち帰った葉を巣の中で更に細かくして、そこにキノコの菌糸(きんし)を植えつけるというのですから驚いてしまいます。栽培したキノコだけを食べる不思議なアリです。葉はいくらでもありますから、ハキリアリの巣はどんどん大きくなります。大きな巣では何十万匹ものアリが住んでいるのです。人間が農耕をはじめるようになって人口が増えたのとよく似ています。巣別れをするときは女王アリが新しくキノコ栽培ができるように菌糸を持って行くのだそうですから、びっくりしてしまいます。

撮影地：コスタリカ　サラピキ

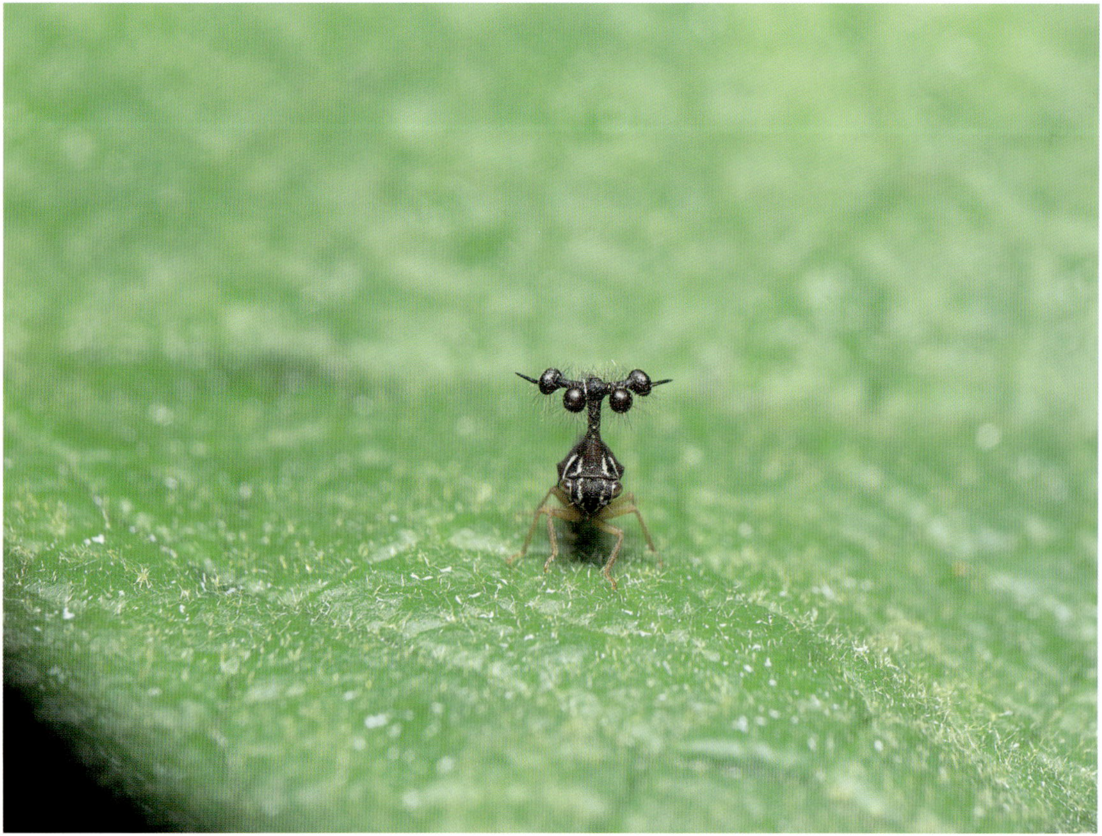

アリと密接な共生関係
立派な(?)角の持ち主、ヨツコブツノゼミ

　ツノゼミは大きなものでも1cmぐらいのとても小さな昆虫です。胸に不思議な形の突起(とっき)があるのが名前の由来です。日本にもツノゼミの仲間はすんでいますが、あまり立派な角は持っていません。すごいのは、なんと言っても南米のツノゼミです。

　ツノゼミを見つけるには、林縁(りんえん)の灌木(かんぼく)の細い枝を、目をさらのようにして探すしかありません。慣れてくると、ツノゼミが好みそうな木が何となくわかるようになりますが、ツノゼミを探していると、他の大きな虫がいても目に入らないことが多いものです。

　たいていのツノゼミは木の汁(しる)を吸いながらおしっこをします。するとアリがやってきて、そのおしっこを舐(な)めるのです。アリは甘い汁をくれるツノゼミにまつわりついています。ツノゼミもアリがいれば他の虫に食べられたりしないと思うのか、おとなしくしています。

　ヨツコブツノゼミは大きさが5mmほどのとても小さなツノゼミです。幼虫にはアリが来るようですが、成虫にアリが来ているのは見たことがありません。けれど角の形はとびきり変わっています。正面から見ると4つのこぶが角についているように見えます。昆虫の形は生活するために意味があるものが多いのですが、このツノゼミの角がどんな役目をするのかを説明するのは難しいようです。

撮影地：ブラジル　太平洋山脈

著者略歴──────
海野和男 うんの　かずお

昆虫を中心とする自然写真家。1947年生まれ。東京農工大学の日高敏隆研究室で昆虫行動学を学ぶ。大学時代に撮影した「スジグロシロチョウの交尾拒否行動」の写真が雑誌に掲載されたのを契機に、フリーの写真家の道を歩む。日本自然科学写真協会会長。日本昆虫協会理事。著書『昆虫の擬態』（平凡社）は1994年日本写真協会年度賞受賞。主な著作に『蝶の飛ぶ風景』（平凡社）『蛾蝶記』（福音館書店）などがある。

すごい虫の見つけかた

2009©Kazuo Unno

2009年8月1日　　　　　　第1刷発行

写真・文　海野和男
装丁者　Malpu Design（清水良洋＋黒瀬章夫）
発行者　藤田　博
発行所　株式会社 草思社
　　　　〒170-0002　東京都豊島区巣鴨4-7-5
　　　　電話　営業 03(3576)1002　編集 03(3576)1005
　　　　振替　00170-9-23552

組　版　株式会社 キャップス
印　刷　図書印刷 株式会社
製　本　大口製本印刷 株式会社

ISBN978-4-7942-1723-3　Printed in Japan　検印省略
http://www.soshisha.com/